消費者行為心理學

游　恆　山　譯

五南圖書出版公司 印行

THE PSYCHOLOGY
of
CONSUMER BEHAVIOR

Brian Mullen
Craig Johnson
Syracuse University

前　言

　　如同書名所傳達的，本書所呈現的是有關消費者行為之心理學理論和研究的概論。經過多年的研究、教學、討論，以及實際從事消費者行為之後，對於「什麼是消費者行為的原因？」這個大問題，我們試著綜合具有代表性而廣泛的調查來稍作解答。

　　我們有必要認清，坊間關於消費者的書籍至少可分為三種類型。一種是試圖操縱和影響消費者使用何種產品、設施和服務；另一種是試圖保護消費者，倡導消費者在市場購物時應有的權利；第三種是試圖瞭解消費者的行為。讀者現在手上的這本書就是屬於第三種。

　　我們的目標是在闡明有關消費者行為之基本議題的同時，也能為當前的理論和研究提供一種廣泛的、易於瞭解的呈現方式。相較於影響消費者的目標，或者保護消費者的目標，這種瞭解消費者行為的目標看來似乎有些野心不足。然而，當讀者深入探討消費者心理學的研究文獻時，就可發現瞭解消費者行為並不是一件簡單的工作。此外，當我們增進自己對消費者行為的瞭解之後，這始終有助於我們較順利地操縱並影響消費者對產品、設施和服務的使用。同時，更深入地認識消費者行為的複雜性，這也有助於我們當擁護消費者在市場互動中應有的權利時更具有著力點。因此，不論讀者所感興趣的方向為何，對於闡明消費者行為的理論和研究具有清楚而實質的瞭解，將始終是一個最佳的起點。

在本書付梓之前的各個階段中，許多人貢獻良多，在此
特表謝忱。首先要感謝的是參與本書早期版本的許多學生，
他們提供了無數的建議、見解和鼓勵。特別是 *Kelly Shaver* 和
John Nezlak 為本書的早期版本提供了詳盡、審慎、極有助益的
意見。*Lawrence Erlbaum* 學會的職員，特別是 *Jack Burton* 和
Carol Lachman 的耐心支持，使得本書得以從概念轉為實體。
特別要感謝 *Lou Mullen* 的寬容、鼓勵、富有洞察力的見解，
以及在許多深夜和無休的假日中所提供的茶點。最後要感謝
我們的父母，他們教導了我們認識消費者的第一課，謹以此
書獻給他們。

Brian Mullen
Craig Johnson

目 錄

1 導 論

　　回想你最近一次在雜貨店購買飲料的情形。先找到飲料的陳列架，瀏覽各種不同的品牌，挑出想要的品牌，然後在出門前付帳：這件事似乎是日常的例行公事，毫不起眼。然而，經過比較仔細的審視之後，一大堆問題就會從這種日常行為中冒出頭來。你一開始是如何認識所選擇的飲料品牌：透過電視廣告、透過朋友、或是站在飲料架前面從事決定的一剎那？對這個品牌的正面印象從何而來：是價格嗎？你所喜歡的名人是不是曾經在媒體上推薦這種品牌？這個品牌是不是有什麼特殊的地方使它與眾不同？什麼原因使你單單選擇這個品牌？

　　這些都是消費者心理學範疇內的問題，而這本書希望藉由現代心理學說與研究的途徑來解答這些問題。消費者心理學可以定義為「對消費者之行為的科學研究」。而消費就是使用某種組織所提供的產品、貨物、或者服務的個體。

　　如同 Howell（1976 年）所指出，每個組織提供某些產品，而這些產品被某些消費者使用，縱使我們可能無法辨認每樣產品，或是據此來辨認消費者。例如，如果說飲用某個飲料公司生產的可樂的大學生，便是該飲料的消費者，似乎是一種相當合理的推論。然而，在某種意義上，我們可以將公立高中的學生當作州政府教育產品的消費者；將投票人當作是候選人領導與管理產品的消費者；而宗教團體的成員也可以被當作教會精神產品的消費者。因此，消費者行為的研

1

究包含對人類的日常行爲進行大範圍的檢視。

　　本書是以消費者行爲的一般模式作爲架構，如圖 1.1 所示。這個模式有助於消費者行爲的研究者對影響消費者行爲的變項和關係加以思考和處理。一般而言，模式 (model) 是某件複雜事物的簡單表象。 圖 1.1 省略了一些複雜的消費者行爲，然而，從其他消費者行爲的一般模式中所得到的最基本和最重要的元素都涵蓋在這個模式中。在某種意義上，圖 1.1 是一種學說與研究的簡化圖例，這種學說與研究我們稱之爲消費者心理學。在這一章， 做爲研究消費者行爲的開端，我們首先爲呈現在圖 1.1 中的一些變項與過程建立初步的定義。在進入後面幾章，爲這些變項與過程做更仔細的檢視之前，我們先扼要的檢查一下有關消費者行爲的其他某些具有代表性的模式，我們也將考慮關於測量的某些基本問題。

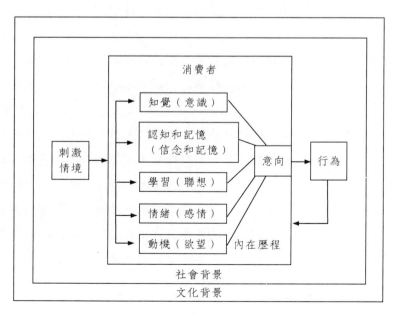

圖 1.1　　消費者行為的一般模式

一、消費者行為的一般模式

　　模式最左邊的框框所標示的「刺激情境」是影響消費者
的根源。所謂刺激情境，意即影響消費者行為的複雜刺激組
型。這就是說，消費者的行為並非傳統上所認為的是由單一
刺激所挑起的，而是刺激群或刺激組型所產生的效果。例
如，當消費者購買一瓶「Loca-cola」牌飲料時，構成消費
者行為的原因不僅僅是產品的價格，也必須考慮到產品的價
格、產品廣告的特性、產品的包裝、個人對產品以往的經驗
以及產品在貨架上的位置等等。

　　乍看之下，正在萌芽階段的消費者心理學家，可能會對
這樣的說法感到挫折：發生在消費者身上的刺激情境似乎複
雜到難以應付的地步。然而，我們有必要認清的是，消費者
展現行為的世界原本就極端複雜，充斥著永不止歇的廣告、
漂亮的包裝，以及混淆的選擇。圖 1.1 中標示著「刺激情
境」的小框框內，內容豐富而又忙碌。

　　接下來，模式內記載著若干內在歷程。這些內在歷程是
發生在個體身上的一連串關連的變化。內在歷程可被視為是
其它事物所造成的結果，或是造成其它事物改變的前件
(antecedents)。被視為是結果時，內在歷程被認為是刺激情
境、個體自身的行為、社會背景、文化背景、其他內在歷
程、以及這幾組變項之間的交互作用所產生的結果。當研究
把既有的內在歷程視為結果時，它是將之當作受到某些自變
項 (independent variables) 影響的依變項 (dependent variable)。
被視為是前件時，內在歷程可被認為是意向、行為、或是其
他某些內在歷程的成因。將既有的內在歷程視作前件的研究

將之當作是影響某些依變項的自變項。將內在歷程視為自變項而加以利用的一個特例，是心理描述學的概念，其中牽涉到利用內在歷程方面的個別差異來預測消費者行為。如同第八章所將討論到的，有些消費者特別傾向於應用某種特定的內在歷程，他們可能對某些類型的訊息較具感受性。

下面的章節將針對每一種內在歷程作詳細的討論，主要從兩方面來考量內在歷程，一是由其它事物造成的結果（亦即依變項）的觀點，另一是導致其它事物發生的前件（亦即自變項）的觀點。

知覺一般定義為感官接收訊息的心理歷程。知覺的內在歷程的結果便是對產品的意識，或是對產品屬性的意識。認知指的是認識與理解的心理歷程。認知的結果是對產品的信念或是評價的總合。記憶指的是對過去事件之訊息或觀念的保留，這種歷程的結果是對產品訊息的獲得、保留、與記憶。學習指的是經由練習或經驗後，致使其行為產生較為持久改變的歷程，這個內在歷程的結果是刺激之間聯結的形成，或是刺激與反應之間聯結的形成。情緒是指涉及意識體驗和內臟變化的某種激發狀態，這個內在歷程的結果是對產品的感情。動機是指引起、導引和維持個體的行為朝向某個目標的一種內在緊張狀態，這個內在歷程的結果是對產品的欲望或需求。

需要注意的是，這些內在歷程被界定為是相關的一系列變化。如果想要單獨討論個別的歷程，將需要在互相依存的事件之間建立多少有些武斷的區分。舉例來說，大學生在第一次看到 Loca-cola 的廣告後，他或她可能表現出對該產品的興趣，並產生買它的欲望。知覺似乎已經發生，因為消費者察覺到該產品；認知也已經發生，就消費者已評估 Loca-

cola 值得購買而言；動機可能也參與在內了，如果學生眞的
想要試試該產品的話；依此類推。以上所想強調的是，雖然
我們可以將這些內在歷程構思爲分立的實體，但是爲了全盤
瞭解這些歷程對後續事件的效應（特別是對其它內在歷程、意
向、以及行為的效應），我們必須討論他們之間的交互關係。
這個模式另一個重要的地方是，內在歷程沒有任何預設的順
序，也就是說，這個模式沒有假設某些內在歷程必須發生在
其它內在歷程之前，因此，任何內在歷程都可能比其它內在
歷程早一步發生，並且影響其它內在歷程。

　　意向指的是個體有計畫地執行某些特定的行爲。行爲在
傳統上的定義是反應或行動。在消費者行爲的背景範圍內，
意向指的是購買或使用該產品的計畫，而行爲指的是實際購
買或使用該產品。請記住，這裡所指的產品可以是適用於某
廠牌的牙膏，學校的一門課程，或是一位公職候選人。在圖
1.1 中，意向和行爲兩者的特徵爲都是源於內在歷程之直接的
和互動的作用結果。需要注意的是，行爲可能影響消費者的
內在歷程，這種類型的回饋可能具有非常重要的弦外之音，
我們在本書稍後將會詳加討論。

　　社會背景是指影響個體的社會刺激的總合，包括朋友、
家人、或是銷售人員。文化背景指的是影響個體及其社會背
景之文化刺激的總合，包括特存的文化（例如，20 世紀晚期的
美國）、次文化（例如，美國東南部偏遠地區的大學生）、社會階
級（例如，中產階段）、等等。需要注意的是，個體（以及他或
她的內在歷程、意向、和行為）存在於社會背景之內，並受到社
會背景的影響。此外，個體的社會背景存在於文化背景之
內，並受到文化背景的影響。

二、消費者行為的其它模式

Kover(1967)評閱將模式應用於消費者和行銷的諸多研究，他指出：「所有的模式有一個共通點：他們描述某些基本的行為、需求或情境，然後假設「這就是人類真正的面貌」，因而，建立在這種模式上的特定研究往往忽略了未包含在此模式內的行為」(p.129)。圖 1.1 所呈現的模式的真正價值在於，植基於這個模式或是依據這個模式來進行解釋的研究，將能夠兼顧各種行為，縱使有所忽略，也在少數。這是因為這個模式在結構上結合了廣泛的各種變項，而這些變項在先前有關消費者行為的研究中已被檢驗過了。

然而，讀者應該瞭解，這個模式並非理論上的新突破。實際上這個模式是先前許多消費者行為模式的一種延伸和整合。這些消費者行為模式可被歸為三種類型：未分類型、片面型、和自動控制型。這三種類型大致上對應於 Engel, Blackwell, 和 Kollat （1978 年）所檢定出的三個時期，依序為 1960 年以前， 1960 至 1967 年，以及 1967 年到現在。

(一)未分類型模式

消費者行為的未分類型模式（ 1960 年以前）相當於被認為可能會影響消費者行為的各種變項許多張明細表。然而，這些變項明細表很少擁有整合性架構或任何堅實的實驗證據來合理辯解它們的立場。 Leavitt （ 1961 年）根據廣告與行銷方面的「民俗智慧」，描述了許多這些早期的消費者行為的模式。 圖 1.2 所呈示的是有關消費者行為的幾個未分類型模式，包括三個 I （衝擊、意象、涉入）， AIDA （察覺、興趣、

欲望、行動），和 AUB（注意、理解、可信度）。

A.「三個 I」： 衝擊　　意象　　涉入
　　　　　　　(Impact) (Image) (Involvement)

B.「 AIDA 」： 察覺　　興趣　　欲望　　行動
　　　　　　(Awareness) (Interest) (Desire)　(Action)

C.「 AUB 」： 注意　　理解　　可信度
　　　　　　(Attention) (Understanding) (Believability)

圖 1.2 　消費者行為的未分類型模式的例子（ 1960 年以前）
　　　　　　（ Leavitt, 1961 年 ）。

　　舉例來說，如果將 AUB 模式應用於考慮 Loca-cola 飲料
的消費者身上， AUB 模式表示，如果消費者會購買 Loca-
cola ，需要三個先決條件：消費者必須知道 Loca-cola （注
意）；消費者必須瞭解 Loca-cola 是一種被稱爲可樂的解渴飲
料，每罐售價五角（理解）；而且，消費者必須相信，每罐五
角的 Loca-cola 是可以解渴的可樂飲料（可信度）。如果以上
三點成立，那麼根據消費者行爲的未分類型 AUB 模式，消
費者應該會購買 Loca-cola 。這些消費者行爲的未分類型模
式有時提出對於瞭解消費者行爲很重要的變項，因而有其用
處。然而，僅僅列出這些變項，但是未能考慮這些歷程如何
發生或是如何產生交互作用，對於解釋人們爲什麼購買或使
用某種產品並無太大幫助。

㈡片面型模式

　　片面型模式是消費者行爲的下一個盛行模式（ 1960 至
1970 年）。這些模式以某種預先設定的次序來安排變項明細

表，因而要比簡單的未分類型模式更向前邁進一步。例如，
由 Lavidge 和 Steiner（1961 年）提出，並由 Palda（1966
年）發展出來的「效果層次」(hierarchy of effects) 模式。類似
於此的是 McGuire（1969 年）所提出的「廣告效果的訊息處
理模式」。這些模式假設，模式中各個變項之間的作用流程
是唯一的、單向的。圖 1.3 說明這兩種片面型模式。

A. Lavidge 和 *Steiner's*（1961 年）的「效果層次」模式：

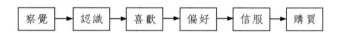

B.McGuire（1969 年）的「廣告效果的訊息處理模式」：

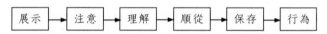

圖 1.3　消費者行為之片面型模式的示例（1960 至 1967 年）

例如，如果將 Lavidge 和 Steiner 的效果層次模式應用
於考慮 Loca-cola 飲料的消費者身上，效果層次模式暗示，
如果消費者要購買 Loca-cola，下列事件必須依序發生：消
費者必須發覺 Loca-cola（察覺）；然後，消費者必須知道
Loca-cola 是一種解渴的可樂飲料，每罐價售五角（認識）；
接下來，消費者必須對「可樂」、「解渴」、「每罐五角」
等屬性有正面的評價（喜歡）；然後，在所有的競爭廠牌中，
消費者必須比較喜歡 Loca-cola（偏好）；最後，如果消費者
能夠確認並施行取得 Loca-cola 的一個特定方案（信服），那
麼消費者將會實際去買一罐 Loca-cola（購買）。這些片面型
模式開始描述涉及消費者行為諸多歷程中的某些互相依存的

層面。然而，後來發現人類的行爲很少像這些片面型模式所主張那般簡單而刻板。

(三)自動控制型模式

自動控制型模式（1967 年至現在）是消費行爲模式最新階段的發展。自動控制一詞指的是資訊科學近期的發展以及對操控系統的瞭解；它經常意味著與當代電腦有關之複雜的資訊傳輸和利用。自動控制型模式在許多方面已經超越較爲簡易的片面型模式。首先，自動控制型模式大體來說較爲複雜，其所列出的變項數目遠超過早期類型的模式。第二，雖然自動控制型模式通常併入了從一個變項到下一個變項的單向式作用流程，但是它們典型地容許例外情況的發生（以前是不容爭議的）。最後，如同自動控制一詞所指的，這些模式通常將回饋歷程納入模式之中。例如，如果有一個變項（行爲）受到另一個變項（知覺）的影響，行爲現在可以提供回饋而影響知覺。我們將會在第九章中討論這種效應。Howard（Howard & Sheth, 1969 年）的購買者行爲模式和 Engel, Black-well 與 Kollat（1978 年）的模式都是自動控制型模式的例子。圖 1.4 說明了這些自動控制型模式。

我們以 Howard 的買方行爲模式來說明消費者考慮購買 Loca-cola 飲料的情形。在幾項因素的共同作用之下，諸如消費者所被提供的報紙和雜誌（所得的訊息）、消費者閱讀這種報紙和雜誌的傾向（媒體習慣），以及因爲口渴（促發）而啓動的對飲料訊息的搜尋（外顯的搜尋），消費者可能因而接收到了有關 Loca-cola 的訊息（訊息曝露）。特別是如果口渴（促發）引起了持續上漲的注意力，消費者將更能夠保留和提取有關 Loca-cola 的訊息（訊息回憶）。這種對有關 Loca-cola

a. Howard（1974 年）的買方行為模式

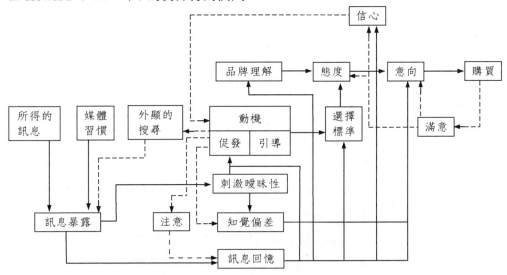

b. Engel, Kollat, 和 Blackwell（1978 年）的模式

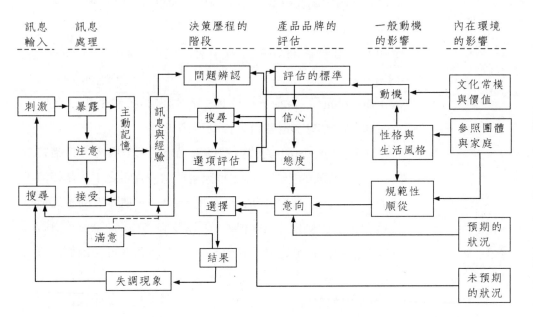

圖 1.4 消費者行為之自動控制型模式的示例（1967 年至今）

之訊息的回憶有助於消費者認識和理解 Loca-cola 是一種解渴的可樂飲料，每罐售價五角（品牌理解）。如果對於 Loca-cola 的這種理解代表著極接近好的飲料所應具有的條件（選擇標準），這將可導致對 Loca-cola 的正面評價（態度），然後可能產生購買 Loca-cola 的計畫（意向），接著可能導致實際購買一罐 Loca-cola 的行為（購買）。需要注意的是，對有關 Loca-cola 之訊息的保留和提取可能以複雜方式影響到購買這中間的進展。尤有甚者，Loca-cola 的購買和飲用將會回饋和影響消費者對 Loca-cola 的感受（滿意），也將影響購買 Loca-cola 的未來計畫（意向），並影響對 Loca-cola 及其屬性的驗認（信心），而信心可能接著回饋和影響動機，動機則可能一開始就已啟動對有關飲料訊息的外顯搜尋。這裡我們只是局部而簡要地應用這個買方行為的自動控制模式，但它已足以例證這類研究模式的複雜性與微妙之處。

你可能已經注意到自動控制模式（說明如圖 1.4）與先前提到的一般模式（說明如圖 1.1）之間的相似性。需要注意的是，圖 1.1 的一般模式所呈現的基本歷程，是得自從圖 1.2 到 1.4 所呈現的各種形式的未分類型、片面型、和自動控制型的模式。這種重疊性顯示在表 1.1 中，在未分類型、片面型、和自動控制型模式中所陳述的變項分別被放置在一般模式的脈絡中。

就以圖 1.2 所陳述的 AUB 模式來說，其中的三個要素與圖 1.1 中的一般模式的特定要素直接對應。注意力包含在圖 1.1 中的知覺之中；理解和可信度包含在一般模式的認知和記憶之中。同樣的，考慮一下圖 1.3 所陳述的效果層次模式，其中的七個要素直接對應於圖 1.1 一般模式中的某些要素。察覺包含一般模式中的知覺之中；認識、喜歡、和偏好包含

在一般模式的認知和記憶之中；喜歡所涉及的某些要素包含在一般模式的情緒之中；信服對應於意向；理所當然的，購買包含在一般模式的行爲之中。讀者可從表 1.1 中看出，即使圖 1.1 所呈現之複雜而微妙的自動控制模式也可納入一般模式中。

這裡所要指出的是，圖 1.1 的一般模式是先前許多消費者行爲模式的一種相當簡單的延伸和統合。本書希望藉由這個一般模式，爲消費者行爲之心理學研究提供完整的架構。請記住，本書往後其它部分的任務，主要是在理解圖 1.1 之一般模式所提出的各種不同的關連和聯結。

三、操作化、研究、和 LOCA-COLA

在結束本章之前，我們有必要花些篇幅談談測量的問題。當從事任何一種科學研究時，我們必須對理論上的重要概念和變項作非常精確的定義，其中一種方法是謹慎地處理測量問題。操作化 (operationalization) 是指當從事科學研究時，概念或變項的意義是透過用來測量 (或在某些案例上爲操縱) 該概念或變項的程序或操作方式來界定。換句話說，我們對某個概念的定義即是我們所使用的測量程序。

例如，考慮這個似乎很簡單的問題：估量鍾小姐對 Loca-cola 的喜歡程度。我們可以單純地問她是否喜歡 Loca-cola，這樣的問法對於她對該產品的喜歡將導致一種二分法 (是 ／ 否) 的測量。我們可以試著更詳盡些，要求她從 1 到 10 中挑選出一個數字；「 1 」代表「我非常不喜歡」，而「 10 」代表「我非常喜歡」。另外，有些研究者較感興趣的是鍾小姐對 Loca-cola 之非言詞的、內臟方面的反應。在這種情況

表 1.1 各種消費者行為模式之間重疊部分的示例

一般模式（圖1.1）	未分類型模式			片面型模式			
	三個「I」圖(1.2a)	AIDA圖(1.2b)	AUB圖(1.2c)	效果層次圖(1.3a)	訊息處理圖(1.3b)	Howard的買方行為模式圖(1.4a)	Engel、Kollat和Blackwell的模式圖(1.4b)
刺激情境	— —	— —	— —	— —	展示	所得的訊息訊息暴露刺激曖昧性	刺激
知覺	衝擊	察覺	注意	察覺	注意	外顯的搜尋注意知覺偏差	搜尋暴露注意接受
認知和記憶	意象	興趣	理解可信度	認識喜歡偏好	理解順從保留	訊息回憶品牌理解態度選擇標準信心	問題辨認選項評估評估的效標信念態度主動記憶
學習						媒體習慣滿意	訊息與經驗
情緒	涉入	興趣	— —	喜歡	— —	— —	— —
動機	— —	欲望			— —	動機(促發，引導)滿意	滿意動機失調現象
意向	— —	— —		信服	— —	意向	意向
行為	— —	行動		購買	行為	購買	選擇結果
社會背景	— —	— —	— —	— —	— —	— —	規範性順從參照團體，家庭
文化背景	— —	— —	— —	— —	— —	— —	文化常模與價值
（在一般模式中未直接提出的變項）	— —	— —	— —	— —	— —	— —	預期的狀況，未預期的狀況，性格與生活型態

下，我們可試著測量當她暴露於 Loca-cola 時所產生的某些生理反應的變化（例如，心跳速率）。我們可以明顯看出，「鍾小姐喜歡 Loca-cola」的意義作為操作方式的函數而有所變異。這也就是說，「鍾小姐喜歡 Loca-cola」的意義隨著我們改變測量程序（從二分法的自我報告以迄於生理測量）而有所變動。

在本書大部分的章節中，我們開頭時將會先行檢視相關概念或變項的共同測量方式，或是共同的操作性定義（operational definitions）。這樣的做法是為了達到兩個目標。首先，它應該有助於我們理解在每章的討論中，我們針對「一般模式」的每個特定層面所闡述的研究和理論。例如，如果我們瞭解「知覺」如何被操作化界定，我們將更能領會「期待影響知覺」這個陳述的意義；我們也可更準確認識到受到期待影響的是什麼東西。其次，對測量問題的關心和重視，通常可使個人在評估理論和研究時較為嚴格，較具批判性。如果我們精確瞭解「知覺」如何被操作化界定，那麼我們將較能洞察有關刺激情境對知覺之影響的某項證據的長處和弱點，或其有效涵蓋範圍和限制之處。實質而言，讀者是消費心理學領域中所製造之理論產品和研究產品的消費者，對測量問題的慎重其事可使讀者成為這項產品的一位有鑑賞力的消費者。

2 │ 知 覺

　　知覺被界定為經由感官而覺知環境中物體的存在、特徵及其彼此之間關係的歷程。本章的重點是放在消費者察覺產品的歷程上。通常，知覺被用來指稱消費者對某個產品的信念內容；例如，人們有時候會說，廣告導致消費者發展出對該產品的良好知覺。真正而言，這樣使用「知覺」這個詞語並不恰當，它也涉及我們稍後在第 3 章討論認知和記憶時，將會提及的某些歷程。

　　首先，我們將檢視測量知覺的某些方法。接下來，我們將檢視刺激情境的各種特性，該情境影響個體對產品及產品特徵的意識。需要注意的是，這種探討方式是將知覺視為在刺激情境中所發生事件的結果。然後，我們將考慮人類知覺歷程的各種特性，這些歷程如何影響了個體對產品的意識。再接下來，我們將考慮其他內在歷程如何影響個體對產品的意識。最後，我們將檢視令人迷惑而複雜的閾下知覺（subliminal perception）的概念。我們有必要記住的是，本章的任務是瞭解消費者如何意識、察覺到既存的產品。

一、意識的測量方式

　　我們可以採取多種方式來測量意識，最常用的方式是測量某些層面的記憶保留（指學習活動中止，一段時期後，在未經重複練習的情況下，個體仍能表現出所學得行為的現象）。保留（reten

15

tion) 較是在直接測量記憶。然而，我們可以推斷，如果某人記得有關某項產品的訊息，這意味著他／她必然已知覺到訊息。這就產生了一個問題：保留被當作知覺的指標，但它是否準確呢？

　　Marder 和 David(1961) 已例證，受試者對呈現在商業廣告中之訊息的辨識相當不準確。在他們的實驗中，他們先播放不完整的廣告給受試者觀看，廣告內容包括插圖、標題、卡通和 3 段拷貝的某種組合。稍後，主試者播放完整的廣告給受試者觀看，並要求受試者指出這個完整的廣告中有那些部分先前觀看過（廣告中有些部分是先前未曾看過的）。例如，在第一組中，35% 的受試者報告先前曾看過標題，但事實上原先的廣告中並未呈現標題。同樣的，在另一組中，24% 的受試者報告先前看過卡通，但事實上原先廣告中未有卡通。顯然，這些受試者把最後測試廣告中那些要素「投射」(projecting) 爲他們對廣告的記憶，因而似乎像是他們在原來廣告中已看過。這研究說明了，消費者記憶保留的測試結果所告訴我們的可能是產品意識之外的東西（諸如記憶歷程的扭曲，參考第三章）。然而，如先前指出的，在意識的測量上，最常用的方式涉及測量消費者某些層面的記憶保留。我們在本章將評閱的許多研究都是對意識採行這種操作性應用。

　　另有些測量知覺和意識的方式有時候被稱爲「歷程追蹤測量」。這是指對中介反應 (intermediate responses) 的測量，中介反應被認爲反映了進行中的知覺的、訊息處理的活動。這些事件的測量通常是當受試者正在從事某些作業時施行（而不像記憶保留測試那樣，是在事後才施行）。

　　例如，瞳孔大小被用來作爲人們對各種刺激情境之反應的指標。瞳孔放大（擴張）反映的是對愉快的、合意的刺激的

反應。瞳孔收縮反映的是對不愉快的、負面的刺激的反應。
因此，Hess(1965) 曾報告，受試者當品嚐柳橙汁飲料時顯出
最大程度的瞳孔放大，受試者稍後也報告柳橙汁是他們最喜
歡的飲料。同樣的，當對受試者說明某種包裝方式的便利性
勝過另一種包裝時，Halpern(1967) 也觀察到受試者的瞳孔
放大反應。當前許多研究利用瞳孔大小作為對消費者行為的
一種測量；但除了知覺之外，研究者發現這項測量也可能與
情緒和動機有關 (cf.Arch, 1979)。

　　另外一種對消費者意識加以操作化的方法是研究個體的
眼睛凝視情形。根據 Russo(1978) 的研究，眼睛大約有 5%
的時間是花在眼球轉動上，其餘 95% 的時間則處於凝視狀態
（也就是注視某些東西）。我們可透過兩種方法取得眼睛凝視的
資料。一是利用非常精密的、電腦控制的眼球位置偵測器；
另一是利用簡易的攝影裝置（如 V8 ）拍攝受試者的臉部（然
後根據所呈現的刺激的排列方式，我們就可得知受試者的注視點）。
例如，Russo(1978) 安排一個模擬的超市陳列架，他發現受
試者觀看時的眼睛凝視型態可分為三個階段：首先是瀏覽
（其特徵是普遍缺乏重複的凝視，通常為辨識現有品牌必要的過程）；
再來為比較（其特徵為重複地配對比較，通常包括有常見的或喜愛
的品牌）；最後為檢核（缺乏重複凝視，通常是作為對未選上產品
的最後一瞥）。

　　另外一種測量知覺的方法涉及共軛側化的眼球轉動
（ Conjugate Lateral Eye Movement ，簡稱 CLEM ）的概念。這種探
討方式相當於登記受試者眼睛向左看或向右看的次數。這項
測量是建立在心理生理學的一項研究上，該研究指出人類大
腦皮質的左右兩半球可能具有不同的特化能力。左半球被認
為負責言語、分析和程序的行為；這類行為與向右側看的

CLEM 有關。相對的，右半球被認爲負責情緒，想像和空間的行爲；這類行爲與向左側看的 CLEM 有關 (Katz, 1983; Nebes, 1974; Sperry, 1951)。因此，不同的 CLEM 可能反映了不同類型的訊息處理風格。例如，向左看的 CLEM 可能與右腦情緒方面的訊息處理有關；向右看的 CLEM 可能與左腦理性方面的訊息處理有關。令人感興趣的是，King(1972) 發現受試者較喜歡的廣告照片中，模特兒的凝視方向通常與受試者自身的傾向維持一致。例如，具有向左看的 CLEM 之先天傾向的受試者（由此，被假定是右腦的、情緒的傾向）較喜歡模特兒向左看的照片。同樣的，具有向右看的 CLEM 之先天傾向的受試者（因此，被認為是左腦的、理性的傾向）較喜歡模特兒向右看的照片。

乍看之下，CLEM 的探討方式與眼睛凝視的探討方式之間似乎存在有某些差異。個體的注視方向被用來決定他正在檢視什麼（根據眼睛凝視的觀點），或是被用來決定他所從事的是何種類型的訊息處理（根據 CLEM 的觀點）。至於對這兩種探討方式比較和整合，並檢定出何種探討方式在何種背景下最能有效探知消費者的知覺歷程，這仍有待未來的進一步研究。

Horowitz 和 Kaye(1975) 提出了一個把 CLEM 研究應用於消費者行爲的有趣方法。請先考慮下列的推理路線：注視左方與右腦的、情緒方面的處理有關；注視右方則與左腦的、理性方面的處理有關。然而，廣告公司感興趣的可能是如何使消費者同時從事情緒的和理性的訊息處理。因此，廣告公司設計平面廣告時，最好把廣告中理性的、事實的成分放在右側；並把情緒的、感情的成分放在左側。圖 2.1 是這種「推薦廣告」的示例之一。這種格式的廣告是同時呈現情

緒訊息和理性訊息，每種訊息都受到最有效的處理。

　　我們所要討論的消費者知覺的最後一個指標是 Leavitt
(1961)的「傳播效能指數」(index of communication effectiveness)。
這個指數的計算方式是先決定受試者當瀏覽一本雜誌時，花
在注視廣告的時間總和，然後再把這個時間總和除以速視器
（一種測量視覺速度的儀器；即經由時間的精密控制，如同照相機的
快門那般，將圖片、文字、符號等視覺刺激資料快速呈現，藉以測量
受試者對刺激的辨識能力）的閾值——也就是受試者辨識出該產
品所需要的暴露於廣告畫面的時間。如果這個指數非常大
（也就是消費者花很長時間注視該廣告，並稍後只需要非常短暫地暴
露於該廣告畫面就能夠辨認出該產品），我們就能合理推論消費
者確實已知覺到該產品廣告。如果這個指數非常低（也就是，
如果消費者當瀏覽時只花非常少的時間注視該廣告，並稍後當呈現該
廣告畫面時需要很長時間才能辨認出該產品），我們將可合理推論
消費者並未知覺到該產品廣告。

二、刺激情境的特徵

　　據估計，一般美國人每天大約暴露於電視廣告一小時
（每天大約觀看幾個小時的電視，再乘以每小時大約有 9 到 16 分鐘
的非節目性內容）(Reed & Coalson, 1977)。美國典型的全功能
型超市中，陳列架上的商品種類超過 8000 種 (Twedt, 1961)。
根據廣告界的估算，一般消費者每天暴露於超過 1500 個廣
告，包括來自收音機、電視、報紙、雜誌和看板等等。在這
麼多的訊息下，在這麼複雜而忙碌的刺激情境中，消費者如
何知曉「X」產品的存在？

　　注意力 (attention) 這個歷程是指在所呈現的刺激中只選擇

Three servings of dairy foods can give you all the calcium you need every day (800 mg.) 1 cup plain lowfat yogurt (415 mg.), 1 cup cottage cheese (154 mg.), 2 oz cheddar cheese (408 mg.), 1 cup whole milk (291 mg.).

America's Dairy Farmers
National Dairy Board

Dairy Calcium.

HOW NATURE REPLACES WHAT TIME TAKES AWAY.

Nature is wise. When time pulls the calcium from our bones, nature provides a fresh source. Dairy foods. To enjoy their benefits, we can simply enjoy the variety of dairy foods.

Three servings from a variety of cheese, cottage cheese, yogurt and milk can give you all the calcium you need every day.* A single ounce of cheddar cheese will give you more than 25%. A cup of plain yogurt provides more than 50%. And a cup of cottage cheese is 17%. A glass of milk is over 35%.

And dairy foods fit naturally into a balanced diet. Milk with your cereal at breakfast; a yogurt shake for lunch; cheese enchiladas for dinner. That will satisfy your daily need for calcium.

Or a yogurt dressing for your salad. Or a buttermilk dressing. Or bleu cheese.

Or a quiche or a cheese casserole.

How about creamy chowder on a cold day? Or cottage cheese and fruit on a warm one.

Nature will pay you additional rewards for enjoying dairy calcium. You will receive high quality protein. And the phosphorus that is so important to a woman's chemistry. And the magnesium. Dairy foods are also a good source of vitamin A, riboflavin and other essential vitamins.

That's why dairy calcium is calcium the way nature intended. And time can't change that.

*Percentages based on the Recommended Dietary Allowance (RDA) of 800 mg. per day of calcium for women, 19 and older. However, the RDA for pregnant and nursing women is 1200 mg.

DAIRY CALCIUM. CALCIUM THE WAY NATURE INTENDED.™

圖 2.1　　Horowitz 和 Kaye(1975) 所推薦的廣告範例

並集中於其中某部分，同時忽視、壓抑或抑制對其他刺激的反應。心理學研究已檢定出影響注意力的某些條件，其中許多可被視為一般對比 (contrast) 原則的特定示例。如同 Myers 和 Reynolds(1967) 所指出的，對比原則是指人們傾向於透過例外情況來知覺情境，也就是先天上注意那些顯示某些差異或某些變化的刺激事件。

(一)色彩

應用對比原則的實例隨處可見，這方面涉及諸如色彩、曖昧性、強度、大小和運動等因素。例如， Rosberg(1956) 發現在《企業市場》這本商業刊物中，彩色廣告要比黑白廣告較能引起注意；當然，彩色廣告相對的遠比黑白廣告來得昂貴。然而，根據 Rosberg 的研究，彩色廣告雖然引起較多注意力，但以投資報酬率而言，它們未必勝過黑白廣告。今天，隨著印刷技術、經濟和效率的高度進展，彩色廣告已不再像過去那麼罕見；因此，彩色廣告已不再是「特例」。在某些高級的彩色印刷雜誌中，或是在電視上，出於對比的關係，彩色廣告變得平淡無奇，罕見的黑白廣告現在反而吸引大量的注意力。

(二)曖昧性

另一個可以例證對比原則的變項是曖昧性 (ambiguity)。曖昧性是指刺激事件中的不明確、新異、或缺乏明晰度。例如， Heller(1956) 證實了，當呈現兩種不同的產品標語，一種是標語中每個字的第 7 個字母都刪去，另一種是完整的，不曖昧的標語，稍後的測試發現人們對前者的記憶遠勝於後者。「Campari」是一種帶有苦味的餐前酒，它在「生命中

第一次」的雙關語廣告中就是應用曖昧性來吸引人們對產品的注意力。這些電視廣告不變地訪問一些迷人的、知名的女明星，請她們詳談「第一次」發生接觸時，她們多麼無法從中享受樂趣，但後來她們如何學會喜愛「它」。觀衆直到廣告片尾才知道「它」指的是啜飲 Campari 飲料。

(三)強度

在強度這個變項上，幾乎不言自明的，明亮的光線或響亮的聲音本來就容易吸引我們的注意力。我們在生活中可碰到無數這樣的商業廣告，其基本設計似乎完全建立在上述的前提上。以下我們談一個在廣告背景中應用強度的較不尋常的例子，它是在電台廣告中實施時間壓縮 (time-compressed) 的談話技術。 LaBarbera 和 MacLachlan (1979) 讓受試者接受 5 種不同的電台廣告，廣告中的談話速度分別從正常以迄於時間壓縮達 130% 。這些時間壓縮的廣告並不是經由轉快錄音帶「加速」，因爲這樣一來也將會升高聽覺信號的頻率，使得播音員的聲音聽起來像是高音的米老鼠。反而，時間壓縮的技術涉及縮短字與字之間的中頓，並減短母音的長度，這可導致訊息以較快的速度播放，而不致於改變播音員聲音的音調。這些研究人員發現，時間壓縮的廣告要比正常速度的廣告較能引起受試者的興趣，受試者稍後也較能回憶其內容。附帶一提的是，因爲傳播者可在較短時間內傳達較多的訊息，所以時間壓縮的廣告通常較具經濟效益。這類應用強度的方式還有一個版本，雖然較不精確，但你可能較爲熟悉：如果你曾看過深夜的電視節目，你應該看過口若懸河的「中古汽車推銷員」在 30 秒的電視廣告中講完 2 分鐘長度的腳本。

(四)運動

運動（movement）是刺激情境中另一個可以吸引我們注意力的屬性。我們都曾看過旋轉的室外廣告招牌、酒館促銷的展示牌，以及為了博取注意力而依序閃現的霓虹燈。有些報紙和雜誌上的商業廣告試著在平面紙張上運用波浪狀的線條來製造運動的效果（1960 年代「歐普藝術」風尚的復古）。Teuber（1974）曾探討這些平面印刷品如何製造出似動（apparent movement）的感覺。有些行為神經科學家主張大腦皮質神經通道具有「特徵偵察」的機制。這些機制可以感應運動的視覺刺激。顯然，當不存在任何實際運動時，某些重複型態的線條可以引起這些特徵偵察機制加以感應。因此，某些平面廣告可以產生似動現象，就如同實際運動那般能夠有效地吸引觀看者的注意力（請參考所附的趣味欄）。

(五)大小

「大比小引起更多注意力」已幾乎是一項公認的定律。雖然這種說法大致正確，但我們需要知道大小與注意力之間並未具有全然的、直接的相關。例如，Rudolph（1947）曾探討平面廣告的大小與其導致的注意量之間的關係。一般而言，注意力的增量是作為平面廣告面積之平方根的函數（Rudolph,1947; Stevens, 1975）。例如，如果 A 廣告的面積是 B 廣告的兩倍大，那麼 A 廣告引起的注意量將是 B 廣告的（$\sqrt{2}$ =）1.41 倍。如果 A 廣告是 C 廣告的 4 倍大，那麼 A 廣告引起的注意量將是 C 廣告的（$\sqrt{4}$ =）2 倍。

我們需要記住的是，對比原則的每種應用可能受到一個更廣泛背景的影響。如同先前提過的，如果周遭的刺激情境

趣味欄

SALES PROMOTIONS

Pepsi keeps sales moving

With price wars in the soft-drink industry growing increasingly intense, Pepsi needed a way to promote sales without giving away the store. Its answer: three moving point-of-purchase displays. The "pouring bottle" and "pouring can" use a rotating acrylic rod to give the impression of Pepsi being poured from its container. The "tipping can" is a mock six-pack that appears to be falling off the shelf, but stops just in

time and then rights itself. The three motion displays, conceived by Dyment, a Cincinnati mounter and finisher of displays, were tested in varying combinations in Safeway, Kroger, and Gerlands supermarkets in Houston during two five-week periods in June and July. Nancy Lucas, associate manager of sales planning in the trade development department of the Pepsi Cola Bottling Group, says that sales increased an average of 12 cases per display. As a result, the motion displays are now being offered to all Pepsi bottlers in the U.S., Canada, and the company's international group.

(*Sales & Marketing Management, 131,* 1983, p. 21. Reprinted with permission of *Sales and Marketing Management.*)

大多是無色的，那麼彩色將因爲對比效果而吸引較多注意力。然而，如果周遭刺激情境充滿了鮮艷色彩，那麼黑白將因爲對比效果而吸引較多注意力。

至於大小方面，商業廣告的絕對大小可能沒有它的相對大小（亦即它相對於同一出處之其他廣告的大小）來得重要。例如，Ulin(1962) 設計兩本相同的雜誌，裡面有 29 個同樣的廣告。其中一本雜誌是大型的（如同《生活》雜誌的尺寸），另一本是小型的（如同《讀者文摘》的尺寸）。如果根據過於簡化的大小觀點和對比原則，容易使人們認爲大型雜誌的廣告要比小型雜誌的廣告吸引較多注意力。然而，情況並非如些。觀看大型雜誌的人們對廣告的記憶並未優於觀看小型雜誌的人們。這是因爲不論在大型或小型雜誌中，任何一個廣告相對於該本雜誌中所有其他廣告的大小都是相同的。因此，大型雜誌中沒有一個廣告相對上大於該本雜誌中的任何其他廣告，人們對這些廣告付出的注意力因而不會多於他們在小型雜誌的廣告上的付出，反之亦然。所以，就某方面而言，諸如色彩、大小和強度等等因素固然可以決定消費者將會注意何種的產品或產品特徵；但從另一方面來看，我們也必須瞭解，存在於該背景中的色彩、大小和強度等等也可能改變那些因素的效應。

㈥位置

位置（position）是刺激情境中另一個可以影響注意力的屬性。位置（或空間中的地點）似乎不涉及對比或特例的知覺。反而，似乎單純的只是某些特定位置或空間地點較容易抓住消費者的視線。在平面印刷品上，商業廣告所占的位置可能影響消費者對它的注意程度。例如，Adams(1920) 發現平面

紙張上的左上角受到最大的注意力。但我們有必要認識，這
種效果很可能是由於文化的因素，而不是出於某種對比的作
用。在大多數的西方文化中，消費者已習慣於從平面紙張的
左上角開始閱讀。由此，Yamanake(1962) 也證實了對日本
受試者而言（日本人是從平面紙張的右上方開始閱讀），印刷紙張
的右側要比左側吸引他們較多注意力。同樣的，超級市場陳
列架上的某些位置似乎較容易被消費者知覺到。例如，與眼
睛齊高的陳列架上的商品最容易被我們察覺到。基於這個原
因 Campbell 湯汁公司傾向於把較受歡迎的罐裝湯汁（如蘑菇
乳汁、蕃茄乳汁）放在陳列架的底層，並把較少見的、銷售較
不理想的罐裝湯汁（如龍蝦、乳酪湯）放在與眼睛齊高的架
上。這樣做是希望消費者可以趁機認識這些不同類別的湯汁
(Merriam, 1955)。

有關刺激情境的這些特性將會影響注意力的某些廣告實
例，請參考圖 2.2。

三、人類知覺歷程的特性：完形法則

本世紀初，一群德國心理學家提出一些基本原則來說明
知覺歷程的特性。這些研究學者強調有些先天的組織歷程似
乎在引導我們的知覺。「完形」(gestalt) 這個字是指「整體結
構」或「完整形態」的意思。這些早期的實驗心理學家探討各別
的、不同的刺激元素如何在知覺上合併成各種形態或結構 (koffka,
1935)。以下我們論述知覺組織的一些基本法則。

(一)形象—背景

形象—背景 (figure-ground) 是主要的完形法則之一。這個

a. 色彩

b. 曖昧性

圖 2.2 　這幾個廣告實例說明了刺激情境的特性將會影響我們的
注意力

c. 強度

d. 大小

e. 運動

圖 2.2　這幾個廣告實例說明了刺激情境的特性將會影響我們的
　　　　注意力

法則主張我們的知覺基本上可分為兩種不同型態的元素，一
是形象，亦即突顯的，具有良好輪廓，顯得堅實而鄰近的元
素；另一是背景，亦即模糊的、不具清楚形狀，並顯得退隱
於遠景中的元素。幾乎毫無例外，商業廣告上的設計、商店
陳列架上的擺設以及各種包裝等等，都可被視為嘗試使該產
品浮現為消費者注意力的形象。

㈡閉合律

　　另一個可能影響消費者對產品的知覺的完形法則是閉合
律（law of closure）。這是指人們在知覺上具有一種朝向完整的
傾向，因此傾向於補足知覺場中的不完整之處。例如，
Kellogg 公司製作了一系列的告示板廣告，在告示板的右邊
顯示出公司的名稱「Kellogg」，但最後一個「g」卻被告
示板的邊緣截斷了（Myers & Reynolds, 1967）。同樣的，Heim-
bach 和 Jacoby（1972）。呈現給第一組受試者一份完整的廣
告，但呈現給第二組受試者的廣告則截去了尾端。結果發現
在每個案例上，第一組受試者（觀看完整廣告）對廣告內容的
回想都不如第二組受試者（觀看不完整廣告）。這些例子顯露
了人們傾向於努力試著去填滿不完整的刺激情境，我們也需
知道，這些例子可能也顯示了昇高的注意力是出於曖昧性，
新奇或對比等因素的作用（如先前所描述的）。

㈢情境

　　情境效應（context effects）指的是對刺激的知覺如何受到
刺激所呈現的背景的影響。例如，在 Soldow 和 Principe（1981）
的實驗中，受試者在三種情境下觀看電視廣告，分別是在與
廣告有關聯的電視節目的情境下，與廣告無關聯的電視節目

的情境下，以及沒有任何電視節目的情境下。結果發現，觀
看有關聯的電視節目的受試者要比其他兩組受試者對品牌名
稱和推銷訊息的回想較差。這表示在有關聯的電視節目的情
境下呈現的電視廣告較不能吸引觀衆的注意力（並甚至可能觸
犯那些對電視節目真正感興趣的人們！）。對照之下，Krugman
(1983) 的報告指出，當電視廣告實際打斷了電視節目，而不
是在節目自然的停頓處播出時，電視廣告將可達到最高度的
長期衝擊。因此，產品訊息所呈現的情境可能重大影響消費
者對該刺激付出的注意力。

㈣期待

期待或心向（set）是指以一種特定方式去反應的預備狀
態。期待可能反映了學習、信念或動機對知覺的影響，我們
在稍後的相關章節將會討論到。有關期待如何影響消費者的
知覺，紙巾（棉紙）是經常被引用的一個例子。多年以來，紙
巾幾乎完全只被當作面紙使用，作用是擦拭臉上的化粧品和
冷霜。當 Kleenex 紙巾公司打出「衣袋裡不要放冷霜」的宣
傳標語後，面紙才開始被視爲可拋棄型手帕。有些消費者先
前忽略有關 Kleenex 紙巾的訊息（因爲它是一種女性的化粧用
品），現在才開始察覺並接納有關該產品的訊息（因爲它是一
種方便的個人衛生用品）。

圖 2.3 呈現了應用這些基本完型原則的某些廣告實例

四、其他內在歷程對知覺的影響

如同先前提過的，心向或期待的現象說明了認知對知覺
的影響。消費者對某項產品的信念（認知）可能影響消費者所

察覺到的產品屬性（知覺）。 Cheskin(1957) 利用消費者對人
造奶油和天然奶油之屬性的意識和信念證實了上述觀點。在
當時，商業用途的人造奶油並未如今天一般添加人工葉紅
素。缺少人工色素，人造奶油看起來接近白色。有趣的是，
剛剛攪拌好的天然奶油也接近白色，過了一段時間後才變成
我們所熟悉的乳黃色。 Cheskin 利用當時都市中的家庭主婦
不瞭解人造奶油和天然奶油的這些顏色特性，他要求她們試
吃一小塊黃色奶油（添加色素的人造奶油）和一小塊白色奶油
（新鮮奶油）。結果發現幾乎所有參加這場午宴的婦女都報告
黃色的（人造奶油）才是真正奶油，具有乳脂的味道；至於白
色的（天然奶油）則是人造奶油，味道油膩。因此，這些消費
者所注意和察覺的事實上是取決於她們對人造奶油（接近白色
並味道油膩）和天然奶油（接近黃色並有乳脂的味道）所持的信
念。 Copulsky 和 Marton(1977) 描述了另一個類似的例子。
Perdue 雞肉公司的執行總裁 Frank Perdue 充分利用人們認
為黃皮膚的雞肉汁多而味美的期待，因此指定金盞菊花瓣和
玉米為該公司每隻肉雞必要的日常飼料之一。雖然金盞菊花
瓣和玉米可能會影響雞肉的風味，但它們確實使肉雞具有較
黃的皮膚（這種雞肉因此銷路大增）。

　　有關認知對知覺的影響， Spence 和 Engel(1970) 的研究
也可作為例證之一。他們以不同的間距閃現各個品牌名稱給
消費者觀看，結果發現消費者可以較快（也就是只需較短的閃
現）辨識出他們偏好的品牌名稱；對非偏好的品牌名稱的辨
識則需較長時間。在這個情境中，消費者對各種品牌的評價
（認知）導致他們對所偏好品牌的訊息有較敏銳的感受（知
覺）。

　　同樣的，心向或期待的現象也可能說明了學習對知覺的

a. 形象—背景

圖 2.3 呈現了應用這些基本完型原則的某些廣告實例

圖 2-3 應用完形法則的幾個廣告實例

影響。例如， Schrank(1977) 描述了「鳳梨汁偏見」，這是指大多數人們對鳳梨汁味道的聯想通常是一種人工風味。這是因為在美國地區，所消費的鳳梨大多數是來自罐頭，但罐頭鳳梨的風味已被罐頭的金屬味、鳳梨香料（例如酪酸乙酯）和人工甘味所影響。食用了一輩子的罐頭鳳梨後，人們初次品嚐新鮮鳳梨時反而覺得味道不對勁。 Schrank(1977) 發現人們在一輩子飲用 Tang 牌橘子汁後，對於橘子原汁也會產生相同類型的心向。因此，消費者對於某項產品的過去經驗（學習）可能決定消費者將會注意和察覺到什麼（知覺）。

　　情緒被認為對知覺有著混合的影響。一方面， Easter-brook(1959) 和 Bacon(1974) 發現激發狀態傾向於限制個體可資利用的線索範圍。這表示強烈的情緒可能干擾知覺——因為限制了消費者對刺激情境中的要素的察覺。另一方面， Kroebar-Riel(1979) 發現激發狀態（色情廣告所引起）可以增加眼睛注視煽情刺激的頻率。如同先前所討論的，眼睛凝視是測量個體的意識和知覺的方式之一。這表示強烈的情緒可以增強知覺——經由吸引消費者的注意力於刺激情境中引發情緒的要素上。例如，考慮一下如何在廣告中同時呈現一輛嶄新的汽車和一位性感的、迷人的女性。如果廣告中把迷人的女性擺在左側、把汽車擺在右側，其效果將遠不如讓迷人的模特兒坐在汽車內或車頂上。

　　「動機對知覺的影響」在 1940 年和 1950 年代受到了大量的研究。這個研究領域的普遍結論是，個體的動機狀態可能影響他的知覺歷程。例如， Bruner 和 Postman(1951) 非常短暫地閃現許多字眼給受試者觀看，然後要求受試者辨認這些字眼。結果發現，該字眼所代表的事物如果是個體所重視或所需要的，這樣的字眼要比帶有威脅性或無關連的字眼較容

易被辨認出來。因此，如果消費者有某種動機需要滿足，他
將對於與該需求的滿足有關連的刺激訊息產生較敏銳的感受
性。需要注意的是，製造動機（將會在第 7 章討論到）的一項
間接結果是，消費者將會對於與新近建立的動機有關的訊息
變得較具感受性。

五、閾下知覺

閾下知覺（subliminal perception）是指刺激強度極為微弱，個
體幾乎無從感覺其存在情況下所得的淺弱知覺。儘管這種淺
弱的知覺似乎未達到意識的層面，但仍然可能影響我們的行
為。「閾下」一詞來自德語，意思是「低於門檻」。

哲學家和科學家們探討閾下知覺已有幾個世紀之久。哲
學家來布尼茲（Leibniz）曾分析幾乎無從察覺的「細微知覺」
的可能性，這樣的感知狀態還不足以被分類為知覺，也未能
產生記憶，但我們可經由其所造成的結果而得知其存在。事
實上，佛洛依德的人格理論可說相當倚重對刺激情境作這類
的無意識同化。

1956 年，James Vicary（一位市場研究學者）說服新澤西
州一家電影院的老闆安裝一部特殊的瞬間投影機。在放映尋
常電影的過程中，「吃爆米花」和「喝可口可樂」兩個句子
每隔 5 秒就在銀幕上閃現 1/3000 秒。這種極度短暫的閃現遠
低於人類在視知覺上的正常閾限（ .01 至 .2 秒；Kling & Riggs,
1972 ）。根據戲院的報告，在實施這道手續的 6 個星期中，
共有 45,699 位觀眾暴露於該閾下刺激。戲院大廳中零食攤位
的可樂銷售量增加了 18.1%，爆米花的銷售量則上升了 57.5%
(Brean, 1958; Wilhelm, 1956) 。

　　如果這項報告屬實，如果這種手續眞的有效，那將是廣告業者的夢想，但卻是消費者的夢魘。因爲它表示消費者可能在完全不知情的情況下受到控制和影響。然而，因爲Vicary 的研究機構拒絕透露有關這道手續的任何細節，使得其他研究學者無從科學化地評估這道手續及其結果。因此，沒有人可以推斷報告中的銷售量上升是出於閾下刺激，或是出於其他因素，諸如影片的性質（那個星期所放映的是一部叫《野宴》的電影，據知影片內容是描繪人們的吃喝情形）、**觀衆的正常數量和特質**（可能只是那個星期的觀衆人數較多，或是觀衆人口中有較高比例的青少年──正是喜歡吃爆米花和喝可樂的年齡）、**商品的陳列方式或零食攤位的經營方式**（因為預期銷售量將會上升而把商品堆高起來、或是該星期有特別的促銷活動）等等。

　　部分是出於 Vicary 的研究程序曖昧不明，部分是出於大衆媒體對這件事情的高度關心，心理學家在 1950 年代後期和 1960 年代早期開始認眞檢驗閾下知覺。但有關閾下知覺的諸多研究得到了不一致的結果，雖然有些研究支持閾下刺激的效應（如，Lazarus & McCleary, 1951），但其他大多數研究卻未發現這樣的效應（如，Konecni & Slamenka, 1972）。因此，閾下知覺效應的存在受到許多心理學家的質疑。這種實驗結果的不一致可能是方法論方面兩個疑難之間的交互作用所造成。第一個疑難是，「閾下刺激」的操作性定義有很大的差異。刺激被稱爲「閾下」是因爲其微弱的聽覺強度、微弱的視覺強度、極短暫的視覺暴露、曖昧不明或扭曲等特性，但不同研究學者對於何謂「微弱」、「短暫」等可能有不同的看法。此外，甚至就單一刺激維度（如視覺）而言，隨著刺激的性質從圖畫 (Klein, Spence & Holt, 1958)、圖解符號 (Smith, Spence & Klein, 1959) 以迄於文字 (Byrne, 1959)，其閾下知覺

也有所變異。因此，有關「閾下」的界定方式相當不一致，或甚至未受到有系統的探討。

　　第二個疑難則是，何謂對閾下刺激的「反應」，其操作性質定義有很大的變異。反應的維度是被用來作爲閾下刺激之效應的指標，其所涵蓋的範圍涉及本書中所檢視的各種內在歷程。這也就是說，諸多研究已檢視了閾下刺激對下列歷程的影響，包括認知（如 Hawkins, 1970 ）、學習（如 Konecni & Slamenka, 1972 ）、情緒（如 Lazarus & McCleary, 1951 ）、動機（如 Hawkins, 1970 ）和行爲（如 Byrne, 1959 ）。需要注意的是，在這類研究中，知覺的內在歷程通常也用來作爲一種操作上的檢核。這也就是說，除了利用其他某種內在歷程（或行爲）作爲閾下刺激之效應的度量外，受試者也將被問到是否察覺到該閾下刺激（如果受試者報告他們察覺該閾下刺激，那麼該刺激對受試者而言就不是閾下了）。

　　因此，本質上，閾下知覺是指微量刺激的效應，這樣的刺激不會影響知覺，但被假定將會影響認知、記憶、學習、情緒和／或動機。在後面的章節中，我們將討論到刺激情境影響某些內在歷程而未影響到知覺的現象。然而，這並不表示閾下知覺是消費者心理學中某些重大的指導原則。實際上，這反而存在一種風險，即某些媚世的學者可能鼓吹閾下刺激可以產生「還魂術」似的控制心靈的效果——雖然現存的研究證據顯示，即使閾下刺激具有任何效果，它無疑地也只是微弱的效果。閾下刺激的任何可能效果都遠不如閾上（高於閾限，可知覺的）刺激的效果來得大。

　　令人感興趣的是，那些支持閾下知覺的較少數研究，傾向於依賴如情緒和動機等「較低水平、內臟的」內在歷程（如，Lazarus & McCleary, 1951 ）；至於那些不支持閾下知覺

的研究，則傾向於依賴如認知學習等「較高水平、理性的」歷程作為度量（如，Konecni & Slamenka, 1972）。這表示如果閾下刺激真的具有效果的話，它也不致於像還魂術那般，使得人們的思考、信念和行為都不自覺地受到控制。反而，它的效果較只是在影響人們對某項產品的感受。我們可以說，本書中所討論的大部分或所有的各種機制和技術，它們都要比所謂的閾下刺激（瞬間地、下意識地暴露於「請選購 X 品牌」的訊息）能夠產生更有力的、更持久的效果。

六、結論：如果無人的森林中有一顆樹倒了下來，沒有人聽到樹倒下的聲音……

我們有必要認識，上述討論所隱含的一個基本假設是：人們對刺激情境的知覺將隨著上述的原則而改變。然而，如果消費者沒有真正暴露於該精心建構的刺激情境，那麼上述的假設將沒有立足點。例如，考慮一下暴露於電視廣告的例子；根據調查報告，電視觀眾在廣告時間仍然待在房間中，因此暴露於電視廣告是消費者當時所處的刺激情境之一。舉例而言，Steiner(1966) 的報告指出，89% 的觀眾在廣告時間仍然留在房間中；Ward, Robertson 和 Wackman(1971) 的報告則指出有 92% 的觀眾留在房間中。

然而，Schrank(1977) 報告了一項有趣的發現，它說明了上述的調查資料可能交代清楚整個故事的來龍去脈。在路易斯安那州的拉法葉地方，自來水部門的員工為了打發監看水壓儀錶時的無聊，因而在水壓室中安裝了一台電視機。不久之後，這些員工注意到，水壓的變化情形似乎與電視節目的安排維持某種一致關係。例如，考慮一下「機場風雲」這

部電影首度在電視螢幕上播放時所發生的情形。顯然,在節
目的最後半小時中(進入高潮情節),很少有觀衆離開座位;
然後,當飛機上的乘客獲救,而影片結束時,大約有 20,000
人們同時走進家中的廁所,用掉幾近 80,000 加侖的自來水,
導致水壓在記錄上下降了 26 磅(因此我們可以假定,這些人未能
知覺到當時所呈現的任何產品訊息)。英國的 Bunn(1982) 也報告
一個類似的例子,顯示家庭用電量在電視廣告時段大增。這
說明了人們傾向於利用廣告時段上廁所或開冰箱拿零食,因
此縱使是最精心策劃的廣告,其效果也勢必會大打折扣。

3 | 認知和記憶

　　記憶指的是對有關過去事件或觀念之訊息的保留歷程。記憶歷程的結果是對訊息的編碼（encoding）、貯存（storage）和提取（retrieval）。認知被定義爲認識與理解事物的心理歷程。認知歷程的結果是信念（belief）。信念可被定義爲根據某些特定的屬性或特徵而對某些事物所施加的認知評價。記憶和認知可被視爲消費者思考產品的過程中兩種互補的層面。因此，消費者可能保留有關各個保險公司所提供之保險項目的訊息；這種編碼、貯存和提取所反映的是記憶歷程。消費者也可能持有一種信念，認爲某個品牌的人壽保險在保險項目上優於所有其他品牌；這種信念所反映的是認知歷程。

　　我們在本章和下一章中將對認知採取兩種不同的探討途徑。本章中，我們在認知與記憶的探討上將首先檢視測量保留（retention）的某些方法，並將檢視刺激情境的各種屬性如何影響人們對產品訊息的編碼、貯存和提取。接下來，我們將檢視測量信念的某些方法。在該背景中，我們也將考慮目前根據信念的結構來進行理解的兩個主題：價格的屬性，價格與品質之間的關係。最後，我們將討論其他內在歷程對認知和記憶的影響。第四章中，我們將論述各種說服技巧，進而提出有關信念發展的問題。需要記住的是，我們在本章的任務是瞭解消費者如何記得和相信關於產品的某些事情。

　　從規劃本章和第四章所要論述的各個主題，並從這些議題所占的篇幅數量來看，顯然我們極大比例的重心是放在認

知這個內在歷程上。從某種角度來看，這是有必要的。事實上，消費者心理學中有高度比例的研究是屬於認知取向的。因此，當評述消費者心理學上的理論和研究時，任何具有包容力的觀點都應該反映出這項強調。然而，讀者應該知道，這項對認知歷程的強調事實上已統攝在「一般模式」（呈現在圖 1.1 中）所提出的更廣泛的透視之中。

一、記憶保留的測量

心理學家已發展出許多非常成熟的技術來測量記憶的保留。例如， Kintsch 曾利用反應潛伏期 (latency of response) 來測量記憶的保留。這種方法是築基在一個合理的假設上：人們能夠較快辨認出他們熟悉的事物。 Lynch 和 Srull(1982) 也描述了反應潛伏期的測量如何應用在消費者心理學研究中的一些方法。然而，消費者心理學領域內的研究通常更為依賴對記憶保留的測量，這種測量程序簡單而直接。以下我們討論 4 種這類的測量方法。

考慮下列的情況：假設你是一家麵包公司的老闆，你為新品牌的布朗恩硬麵包推出的廣告已在電視上播映一陣子，你想知道觀眾是否對它留下了印象。在記憶保留的測量上，自助式回想是在消費者重建記憶的過程中不提供任何線索，只是簡單要求他們回想最近看過什麼廣告（包括任何類型、任何產品的廣告）。助憶式回想則給予消費者某些最小限度的暗示，例如要求他們回想最近在烘焙食品或硬麵包方面看過什麼廣告。掩蔽性再認 (masked recognition) 涉及呈現一份有所遮蔽的廣告，也就是呈現給消費者觀看的廣告刪去了所有提及商標的視聽資料。這表示消費者看到的「布朗恩硬麵包」

廣告中,「布朗恩硬麵包」這個名稱以及所有相關資料都已過濾掉,然後要求消費者從這個剪輯的廣告版本中確認該品牌。最後,直接再認只是單純地呈現消費者先前暴露過的廣告,然後問消費者是否記得先前曾看過該廣告。這也就是說,呈現給消費者的是原來版本的「布朗恩硬麵包」的廣告,然後問他們是否記得曾看過。

我們可看出,這 4 種測量程序的排列從高度重建(自助式回想)以迄於高度識別(直接再認)。在這方面,不妨回想一下我們在第二章(有關知覺的測量)曾引用的 Marder 和 David (1961) 的研究。該研究顯示,消費者似乎常把原來廣告中並不存在的元素「投射」為他們對這些廣告的記憶。例如,相當高比例的消費者所「再認」(recognized) 的標題事實上未曾在原來廣告中出現過。這類結果說明了,單純的再認可能不是消費者真正記憶情形的一個準確指標。至於回想與再認之間的差別,我們在本章稍後將會再度討論到。

需要注意的是,隨著所要提取的訊息的性質,記憶保留的每種測量方式的靈敏性也多少有些不同。例如,有家行銷研究公司 (Foote, Cone & Belding) 曾執行一項研究,比較助憶式回想的測量方式與掩蔽性再認的測量方式之間的準確性高低 (Marketing News, 1981)。研究結果顯示,在理性的、思考型的廣告,這兩種測量方式產生相當類似的結果。然而,在情緒的、感覺型的廣告上,掩蔽性再認法顯得要比助憶式回想法來得靈敏。當實施助憶式回想法時(隔天之後),只有 19 % 的受試者提及感覺型廣告;至於實施掩蔽性再認法時,則有 32 % 的受試者能夠確認出感覺型廣告中的產品。這與尋常的觀察相符合,即情緒導向的廣告雖然在市場上似乎頗有效果,但所測得的記憶保留並不是很好。我們在本章結尾當討

論到情緒對記憶歷程的影響時，將會再回到這個研究上。

二、記憶的情境決定因素

㈠記憶的多重貯存模式

在記憶歷程的研究上，多重貯存模式是最具影響力的架構之一。這個模式主張我們存在有三個相關的記憶貯存歷程：感官貯存 (sensory store)、短期貯存 (short-term store) 和長期貯存 (long-term store)。感官貯存是指一種非常短暫的記憶貯存，它在極短時間（通常只有 1 到 2 秒）中保存對刺激訊息非常準確的表徵 (representation)。感官訊息貯存只發生在感官層面，如果不加注意，刺激訊息瞬間就消失。當某些刺激吸引了我們的注意力時，這樣的刺激訊息較可能進入感官貯存之中。因此，影響注意歷程的那些因素（第 2 章討論過）也將會影響感官貯存。

短期貯存是指當前記憶處理的所在。這也就是說，如果我們呈現某些新訊息給一個人，這些新訊息將在短期貯存中接受處理。 Miller（1956）主張短期記憶可以保留大約 7 ± 2 個訊息單元。但我們可以透過「記憶集組」(chunking) 的歷程來打破這項限制，記憶集組是指把分立的訊息單元組合成較大的組集（例如，數字 1、4、9、和 2 可以集組成衆人熟知的年份 1492，也就是歌倫布橫越大西洋的那一年）。如果貯存在短期記憶中的訊息未被複誦，它通常在 30 秒左右之後就將消失（如，Peterson, 1969; Shiffrin & Atkinson, 1969）。

長期貯存被假定是相當持久的、沒有限量的記憶貯存。這個貯存歷程被認爲組織成一個網路系統，各個節點 (nodes)

代表各種概念或觀念，這些節點之間彼此聯結，代表各種概念和觀念之間的關係 (Collins & Loftus, 1975)。

　　雖然感官貯存和短期貯存確實是人類記憶歷程的重要元素，但是商業機構所關心的主要是如何影響消費者的長期貯存。當然，產品訊息一定要經過感官貯存和短期貯存的處理。然而，如果消費者未進一步處理該產品訊息，他們對產品訊息的記憶將不會延續超過 30 秒。 Bettman(1979) 以及 Lynch 和 Srull(1982) 曾詳盡描述了消費者記憶歷程的運作方式，我們以下的論述即大力得助於這些早先的分析。

(二)再認與回想的比較

　　再認與回想之間的區別對於我們瞭解消費者的記憶歷程具有重要的意涵，它涉及消費者所需要執行的記憶任務的本質。再認任務就像在多重選擇題的考試中一樣，需要人們在所要記住的項目（或事件）與其他類似的選項之間進行識別。回想任務就像在論文考試中一樣，需要人們對所要記住的項目或事件進行重建。我們先前討論記憶歷程的測量時，已提過再認與回想之間的基本區別。然而，再認與回想之間的差異不只是研究方法論方面的問題。在某些日常情境中，消費者可能需要從事回想工作；另有些其他情境則需要消費者從事再認工作。 Bettman(1979) 曾指出，當消費者選擇購買商店中的某項產品時，在購物之際可能正從事再認的工作──這時候他們試著在類似的品牌之間進行識別。另一方面，當消費者在逛街之前選擇購買某項產品時，可能正從事於回想的工作──這時候他們試著重建有關考慮中的產品的訊息。

　　如果消費者在某些購買事件上需要從事回想，並在其他購買事件上需要從事再認，我們就有必要瞭解影響回想和再

認的各種因素。例如，事件的出現頻率可能對回想和再認有不同的影響。研究已證實，較常出現的字詞要比較少出現的字詞有較高的回想率；然而，較少出現的字詞要比較常出現的字詞有較高的再認率（如，Gregg, 1976; Kintsch, 1970; Shepard, 1967）。考慮一下這些發現對於消費者對產品的記憶有何意涵？在某些產品上，消費者的品牌選擇受到購物之際的再認所引導，對於這類產品（如零食、點心），較少見到的品牌可能被記得較好——因為較容易被再認出來。另一方面，在某些產品上，消費者的品牌選擇受到未達購物點之前的回想所引導，對於這類產品（如汽車），較常見到的品牌可能被記得較好——因為較容易被回想出來。

(三)重複

另外一個可以影響記憶保留的特性是重複（repetition）。隨著消費者的「投入」程度，或是隨著他主動注意和處理刺激情境的程度，重複對記憶保留的影響也隨之不同。對處於投入狀態的消費者來說，重複藉著把訊息從短期貯存移至長期貯存，因而得以增進記憶保留（Krugman, 1965; Nelson, 1977）。例如，消費者坐在電視前，從頭到尾看完 Biggy Burger 所贊助的一部家庭電影，因而也看了無數次 Biggy Burger 的漢堡廣告，最後，消費者甚至已能吟誦 Biggy Burger 押韻的廣告詞。對處於高投入狀態的消費者來說，重複可使得該產品訊息在消費者需要時較可能隨時隨地取得，但不必然可以增進記憶保留。例如，對於在電腦雜誌中尋找有關新式雙密度磁碟機之訊息的電腦玩家而言，不論新式磁碟機的訊息只呈現 1 次或 10 次，他們都將對該訊息有靈敏感受並產生良好的記憶保留。

㈣序位效應

序位效應（serial position effect）是另一個可能影響消費者記憶歷程的特性。序位效應是指在一段訊息的開頭和結尾時所呈現的資料要比位於中間位置的資料被記得較好（如，McCrary & Hunter, 1953）。顯然，這是因爲在該訊息結尾時呈現的資料可能仍然處於短期貯存之中，至於在該訊息開頭時呈現的資料則可能已轉爲長期貯存（Loftus & Loftus, 1976）。電視廣告傾向於在結尾時打出公司的標語或信條，顯然就是建立在上述原理上，其作用在於使消費者較能記住（例如，「華航以客爲尊」；「Sears 增添你的生活色彩」）。另一種符合上述原理的現象是，研究往往發現，消費者對於刊登在雜誌最前面或最後面的廣告通常產生較大的記憶保留。從這個角度來看，我們不難理解爲何在雜誌上刊登廣告時，雜誌最前頁和底頁的廣告費用最高──那是戰略上的重要位置。

㈤編碼特定假設

編碼特定假設（encoding specificity hypothesis）（Tulving & Thomson, 1973）是指當受試者從記憶中提取某個項目或事件時，如果受試者處於該項目或事件被編碼爲長期貯存時的同樣情境中，那麼受試者的提取率將可大增。有關情境背景對記憶的這種效應，常見的一個例子是：當你在迪斯可舞廳遇到學校的女教授時，你通常較遲才能認出她的臉孔──因爲你未曾在這樣的環境中看過她。關於消費者的記憶歷程，如果廣告中製造的情境可在購物之際重製出來，這可能有助於消費者對產品訊息的提取。例如，把米老鼠的圖案放在兒童早點（如麥片粥）的包裝盒上（Bettman, 1979），或是把柯達立可拍

照相機與 Michael Landon 的照片擺在一起 (Lynch & Srull, 1982)，
這些都是重製產品訊息原先被編碼時的情境的有力手段。我
們稍後在本章中檢視情境依賴學習 (state-dependent learning) 的
現象將會提及另一種類似型態的效應。

三、信念的測量

在消費者信念的測量方面，其特色是我們可從名詞、形
容詞和副詞之間的關係來考量。語言中的這些共通元素有助
於我們彼此傳達對周遭世界的理解。名詞確認人、地或物；
形容詞描述這些人、地或物的特徵和屬性；副詞可被用來列
舉或強化形容詞所提供的描述。關於消費者信念的結構，產
品是作為名詞，可根據某些組別的屬性或形容詞加以描述；
然後再加上副詞，就可使這些屬性或形容詞更具區辨性、更
為準確。在實施上，它所採取的形式通常是要求消費者在某
些屬性上評價多種產品。這些評價可能需要消費者在兩端標
有「非常少」和「非常多」的一條直線上選定一個標號，或
是針對每種產品的每個屬性從 1 到 10 中指定數字。表 3.1 呈
現 Haley 和 Case(1979) 所設計的幾個測量量表，可用來測量
對儀錶的評價或是對品牌的喜好程度。

消費者關於名詞、形容詞和副詞之信念結構的幾何表徵
(geometric representation) 於是就產生了產品空間、消費者空間
和市場空間。產品空間是消費者在某個既存的產品類別中對
接觸到的各個品牌之信念的幾何表徵。消費者空間是消費者
在這個類別的產品中對「理想」產品之信念的幾何表徵。市
場空間是這兩個幾何空間的重疊；這也就是說，市場空間說
明了各種接觸到的品牌和消費者的理想產品的相對位置──

表 3.1 認知的測量：Haley 和 Case 所設計用來測量對儀錶
的評價或品牌喜好程度的幾個量表

接納性	10個等級的分數	溫度計
極端接納(7)	10優異	100
相當接納(6)	9	90 優異
稍能接納(5)	8	80 非常喜歡
兩者皆非（中立）(4)	7	70 相當喜歡
稍微不能接納(3)	6	60 還喜歡
相當不能接納(2)	5	50 中性的
極端不能接納(1)	4	40 不太喜歡
	3	30 不太好
	2	20 完全不喜歡
	1不良	10 極討人厭的
		0

6個等級的形容詞	對強烈正面評價的同意程度	品質
優異(7)	「該品牌被認為是最佳產品之一」	極高品質(7)
非常好(6)		相當高品質(6)
好(5)	完全同意(5)	稍高品質(5)
尚可(4)	有些同意(4)	不好不壞(4)
不太好(2)	不知道(3)	稍低品質(3)
不良(1)	有些不同意(2)	相當低品質(2)
不知道(3)	完全不同意(1)	極低品質(1)

所有都位於相同空間中。圖 3.1 顯示了產品空間、消費者空間與市場空間之間的關係。

例如，考慮一下青豆的市場空間，它是由口味和大小的屬性來界定的。如果我們對 100 位抽樣得來的消費者呈現 5 種品牌的青豆（ A、B、C 、D和E），然後要求他們根據大小和風味來區別這 5 種品牌的青豆，我們可能得到如圖 3.1a 所示的產品空間。如果我們進一步要求這 100 位消費者指出他們的「理想」產品，我們可能得到如圖 3.1b 所示的消

費者空間。把這兩個空間重疊起來，我們就取得如圖 3.1c 所呈現的市場空間。

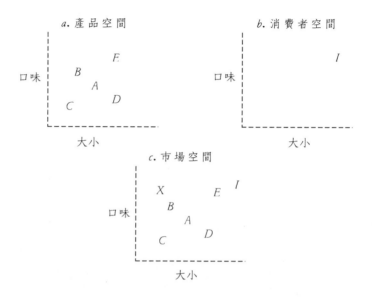

字母 A、B、C、D 和 E 代表市場上不同品牌的青豆，X 代表新品牌，I 代表消費者的理想產品。

圖 3.1　青豆的產品空間、消費者空間和市場空間之間的關係

爲了促進市場空間的發展和應用，Howard(1977) 和 Johnson(1971) 曾提出了許多合乎實際的建議。在建構市場空間方面，第一個步驟是選定將被用來界定該空間的屬性。例如，消費者心理學家可能要求一群消費者判斷各種產品之間的相對類似性；或者，他們可能要求消費者指出自己對各種產品的喜好程度。在任一種情況中，研究人員都必須從消費者對產品評價的相似性和相異性中推斷出該市場空間的特有維度。例如，如果 A 產品和 B 產品被評定爲非常相似，或如果 A 產品和 B 產品在喜好程度上得到相似的評定，我們可

以設法找出這兩種產品具有何種共通的突顯屬性。如果這兩個品牌的青豆都典型地是小顆粒狀，那麼「顆粒大小」可能是消費者對青豆這個產品類別之信念結構中的關鍵層面。另外，根據對該類產品的許多先前研究，對各種團體的消費者所進行的訪談，或是得自常識，我們可能也早已清楚其他有關的屬性。例如，先前研究可能指出，顏色是辦公室傢俱的一項重要屬性；常識告訴我們，口味是青豆的一項重要屬性。

一旦界定市場空間的屬性已被選定出來，各種品牌將必須被放在該空間中。需要注意的是，品牌在市場空間中的定位所反映的是消費者的信念結構，但不必然是產品在相關屬性上的客觀特徵。例如，消費者認為 A 品牌的青豆在大小上較類似於 B 品牌的青豆，較不類似於 C 品牌的青豆（參考圖3.1c）但實際上， A 、 B 、 C 三種品牌的青豆在大小上可能大致相等。

在市場空間的發展上，第三個實際的考量是消費者的群集狀態。有可能青豆的所有消費者都高度相似，並且他們對各種品牌的信念結構也完全一致。然而，也有可能青豆的消費者並非全然相似。在這種情況下，檢視各個子群之消費者的信念結構，將有助於我們瞭解許多事情。例如，或許低收入的消費者較不重視青豆的口味，較在乎的是青豆的大小；高收入的消費者可能較不重視青豆的大小，較在乎的是青豆的風味。假設我們原先的 100 位消費者中，一半是低收入消費者，另一半是高收入消費者。圖 3.2 說明了圖 3.1c 的市場空間如何可被分成兩個不同的市場空間，分別代表不同子群的消費者的信念結構。

第四個實際考量也顯示在圖 3.2 中，亦即理想產品在市

場空間中的特異性。不同子群的消費者可能也對理想產品持有不同的看法。雖然對任何人而言，青豆的大小和口味兩者可能都是想要的屬性，但對低收入消費者而言，理想的青豆可能是超大顆粒的，對口味則不甚在意。同樣的，對高收入的消費者而言，理想的青豆可能是絕佳風味的，即使顆粒並不大。需要注意的是，這個例子強調了一種可能性，亦即平均的「理想」產品（根據許多消費者的應答而共同計算出來）可能不代表任何人的理想產品。

這就導致了應用市場空間方面的最後一個問題，也就是實用建議上的實際發展。一個具有良好結構的市場空間可以準確地檢定出與消費者有所關連的產品屬性，並考慮到各個子群的消費者之間的差異。有關的商業機構可以利用這樣的市場空間來提升消費者對其產品的評價。這樣的市場空間顯示了各種品牌相對於彼此的位置，也顯示了它們相對於理想產品的位置。任何商業機構希望提高其產品的銷售量，可以設法使其產品在市場空間中的位置接近於理想產品，並遠離於其他競爭者的產品。Albers(1982) 已發展出一套電腦程式，它可以根據有關消費者信念的資料來建構起市場空間，並能夠自動地為新品牌找出最適合的位置。

商業機構如何在市場空間中為它的品牌找出最佳的位置呢？第一個策略是修改產品，使其產品較為接近消費者的理想產品。第二個策略是教育大眾，告知消費者該產品實際上相當接近理想產品──即使大眾當時可能還未瞭解該資訊。第三個策略（多少較不值得稱許的一種方式）是告知大眾該產品接近於理想產品，即使真正情況並非如此。在違背客觀事實的情況下，企圖改變消費者對某項產品的信念，這種方式稱為重新定位 (repositioning)(Ries & Trout, 1981)。

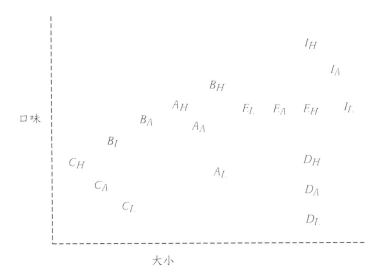

字母 A、B、C、D 和 F 代表市場上不同品牌的青豆，I 代表消費者的理想產品。寫在下邊的字母 L、H、和 A 各自代表低收入的消費者、高收入的消費者、以及平均收入的消費者的信念。

圖 3.2　不同子群的消費者各別的市場空間

Ries 和 Trout(1981) 探討另一種應用市場空間的方式，這種方式較不依賴理想屬性，較爲依賴消費者對競爭的信念。參考圖 3.1c，小顆粒的青豆在風味上也都不高。因此，把新品牌 x 當作小巧而可口的青豆來推銷，可能會是一種成功的策略。雖然市場空間中還有一些位置更爲接近理想點，但是小顆粒而風味佳的 x 品牌可能要比其他新品牌較容易脫穎而出──因爲它較爲區隔於諸多的競爭品牌。Ries 和 Trout 稱這項策略爲「cherchez le creneau」（法文，「尋找空穴」的意思）。

這種消費者信念的幾何表徵已得到衆多實務經驗的支持。例如，這種方法已被成功地應用於芝加哥的啤酒市場、

政治領域（Johnson, 1971）、去污劑、以及空中航線（Green & Wind, 1975）。舉例來說，在 Johnson(1971) 的研究中，芝加哥的啤酒市場空間是經由兩個維度來界定：價格便宜—價格昂貴，以及清淡的、溫和的—濃郁的、麥芽味的。如所預料的，兩種最受歡迎的品牌（ Budweiser & Schlitz ）在市場空間的位置都非常接近於最受歡迎的理想產品。這種應用也指出，便宜的新啤酒將很可能會在市場上一敗塗地，因為它所處位置將距離理想產品太遠。此外，這種應用也可找出「空穴」所在：理想產品的特徵是風味濃郁的、富有麥芽味、並價格適中，而市場空間中沒有其他產品接近該理想點。因此，這項應用可使研究人員瞭解為什麼某個成功的產品得以成功；可以解釋為什麼某個新產品將會失敗；以及說明應該如何設計和呈現某個新產品，才能在市場上大有嶄獲。

四、價格

出於很明顯的原因，許多消費者心理學家相當重視消費者對產品價格的信念。這方面研究可分為三個一般性主題：價格與品質的關係、價格的差異、以及價格的變動。

㈠價格與品質的關係

通常，消費者會在產品的價格與產品的品質之間假定一種關係。當在兩個看來相似的產品之間從事選擇時，便宜的產品未必總是占上風。 Shapiro(1968) 對價格與品質之間的假定關係提出了千種可能的解釋。這些解釋最好被視為是互補的，而不是互相排除的。第一種是「容易度量」的解釋，它主張價格被視為品質的一種指標，因為這種指標要比其他產

品屬性（諸如抗拉強度、耐久性或輸出功率等）更爲具體、容易
取得，並更爲大多數消費者所熟悉，因此深受倚賴。第二種
是「努力與滿足」的解釋，它主要是針對「金錢是所付出的
努力的一項積蓄」的觀點而發展出來（Cardozo, 1965）。如果
消費者支出較多努力才取得某項產品（透過金錢的花費），他
後來可能推論自己必然從該產品得到了樂趣，因此才會支出
那麼多努力去取得。我們在第 9 章還會再討論到這類的行爲
回饋效應（例如，消費行爲對認知的內在歷程的影響）。第三種是
「充派頭」的解釋，它是建立在社會學家 Veblen（1899）有關
舖張消費的觀念上。消費者有時候將會選擇購買最佳的或最
昂貴的產品，以換取聲望、名氣或社會認可。最後一種是
「風險知覺」的解釋，它主張消費者將會購買較高價位的產
品，以便降低買到不良產品的風險──人們通常認爲較低價
位產品的不良率較高。

　　所有這些解釋可以用來說明我們在假定的價格─品質的
關係上所觀察到的某些實例。 Woodside（1974）在他的研究中
提出了一個實例，可以用來例證假定的價格─品質的關係。
這項研究要求建築工人評價一種自熱式午餐盒，但告知不同
組的工人不同的售價。結果發現，午餐盒的售價影響工人們
描述該產品時所使用的有利言詞的百分比（當午餐盒的售價是
美金 4 塊錢時，用來描述該產品的言詞中有 53 ％是屬於有利的；當
售價是 6 塊錢時， 82 ％的言詞是屬於有利的；當售價 8 塊錢時，
89 ％的言詞是有利的；當售價 10 塊錢時， 90 ％的言詞是有利的）。
許多廣告所依據的似乎也是利用價格作爲品質的指標。例
如， 1967 年，約翰走路黑牌威士忌的耶誕廣告上的標語是，
「每瓶美金9.40，高價位的享受」（Shapiro, 1968）。圖 3.3 呈
現了另外一個例子。令人感興趣的是，價格─品質的實際關

係往往因不同產品而異；但一般而言，其關係非常薄弱
(Geistfeld, 1982; Gerstner, 1985; Morris & Bronson, 1969; Oxen-
feldt, 1950; Riesz, 1979; Sproles, 1977)。

(二)價格的差異

消費者心理學家採用兩種互補的探討方式來瞭解消費者
如何處理價格差異。我們將首先個別地呈現這兩種透視，稍
後再把它們整合起來。

適應水準論 (adaptation level theory) 是 Helson(1964) 在心
理物理學上所提出的一種理論，用來解釋同樣的刺激如何作
爲不同背景的函數而受到不同的評價。適應水準是個體所曾
暴露的各個刺激強度的某種平均；換句話說，適應水準是一
種中性點，也就是所有刺激大小加權的幾何平均數。應用在

圖 3.3 利用價格作為品質之指標的一個實例

價格方面，價格如何受到評價將取決於實際價位與該類產品
的適應水準（即平均價格）之間的關係。

　　Emery(1970) 討論過應用適應水準論於價格認知上的某
些含意。例如，當我們確定某個產品的品質等級後，它的適
應水準或參考價格將是該品質等級上各種價格的某種平均。
這時候將會存在一個關於參考價格的中性地帶。在這個地帶
內，價格上的變動或差異將不具有效用，將不會被判定爲重
要的。最後，就某類產品而言，每種品質等級都存在一個參
考價格，這將會影響個體對該品質等級上其他價格的認知。
Monroe 和 Petroshius(1981) 在這個推理方向上提供了一個合
乎邏輯的延伸。他們指出，價格可能不會被用來作爲品質的
指標，除非該價位與參考價格有極大的差距。換句話說，價
格—品質的關係可能只存在於某類產品的「不同品質等級」
之間，但不存在於「同樣的品質等級」之內。我們稍後會再
回到這個主題上。

　　第二種有關價格差異和變動的探討方式是同化—對比效
應 (assimilation-contrast effects)(Sherif & Hovland, 1961)。如同適
應水準論，這種探討途徑也是出於試圖瞭解相同的刺激如何
作爲該刺激背景的函數而受到不同的評斷。根據同化—對比
的觀點，下錨刺激 (anchoring stimuli) 被用來提供從事判斷時的
參照架構 (frame of reference)。三個主要的下錨刺激是：最低
刺激（在此情境中是指最低價位）；最高刺激（最高價位）；以及
參考刺激或平均刺激（平均價位）。同化對比的觀點假設在這
些下錨刺激的周圍存在一個接受區域。我們可以根據這些下
錨刺激來界定同化和對比。落在這個接受區域內的刺激值將
被判定爲相似於參考刺激；同化是指把落在接受區域內的某
個刺激判定爲要比眞正情形更相似於參考刺激。另一方面，

落在這個接受區域外（可稱之爲「拒絕區域」）的刺激值將被判
定爲相異於參考刺激；對比是指把落在接受區域外的某個刺
激判定爲要比眞正情形更相異於參考刺激。至於價格的認知
方面，落在接受區域／「品質等級」內的價位將被判斷爲相
似於參考價位（或許要比眞正情形更爲相似）。另一方面，落在
接受區域／品質等級外的價位將被判斷爲相異於參考價位
（或許要比眞正情形更爲相異）。

我們可以明顯看出，適應水準論和同化─對比效應兩種
探討方式所描述的是同類的事情，只是所使用的術語稍有不
同。圖 3.4 以青豆爲例，說明這兩種探討途徑的共通點。

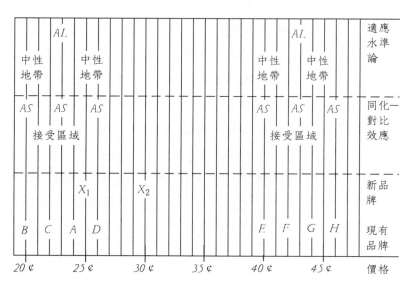

字母 A、B、C、D、E、F、G 和 H 代表現有品牌。
X_1 和 X_2 代表新品牌。
AL 代表該價位等級的適應水準。
AS 代表該價位等級（最低、平均、最高）的下錨刺激。

圖 3.4　適應水準論和同化─對比效應兩種探討途徑（關於價位
　　　　的差異）

　　圖 3.4 所呈現的是消費者對青豆市場的信念表徵（把這個圖表視作一個產品空間，它是由兩個一致、重疊的屬性界定而成：價格和品質）。我們可看出，消費者將他們對青豆的信念建構成兩個品質等級：「廉價的青豆」（現有品牌 A、B、C 和 D）；「良好的青豆」（現有品牌 E、F、G、和 H）。至於如何應用適應水準論和同化─對比效應這兩種探討方式，我們可從引進兩種新品牌的青豆 x_1 和 x_2 的角度來考慮。 x_1 品牌相當接近廉價青豆的參考價位（也就是位於中性地帶、接受區域內），將被接納為一種廉價青豆。然而， x_2 品牌位於中性地帶／接受區域之外，因此未能成為廉價青豆之品質等級中的一員。 x_1 品牌可說成是同化於廉價青豆的等級； x_2 品牌則可說成是對比於廉價青豆的等級。

　　為了說明這些同化和對比的效應，請把價格視為一個等距量表（也就是一種數字表示的量表，其單位被分成相等的間隔）。 x_1 品牌與 B 品牌的實際距離是 5 個單位； x_2 品牌與 x_1 品牌的距離也是 5 個單位。然而，如果消費者被要求從價位、品質和相似性的角度來評估這些品牌，我們將可能得到如圖 3.5 的圖表。 x_1 品牌將可能被判斷為較相似於 B 牌──勝過 x_1 品牌與 x_2 品牌之間的相似性（也就是 x_1 品牌與 B 品牌的距離可能被判斷為小於 x_1 品牌與 x_2 品牌的距離）。在某種意義上，當產生同化─對比的效應，或是當某種適應水準被建立起來時，在接受區域／中性地帶之內，品牌之間的表面距離或心理距離將被縮短；在接受區域／中性地帶之外，品牌之間的表面距離或心理距離將被擴大（比較 Deering & Jacoby, 1972; Nwokoye, 1975）。因此，A、B、C、D 和 x_1 品牌將組成一個群集，而 E、F、G 和 H 品牌將組成第二個群集。 x_2 品牌在銷售上可能相當坎坷，也可能大紅大紫，這取決於它

與市場空間中的理想點的距離，也取決於 x_2 品牌目前所占的
「空穴」是否在品質與價位之間做了良好的結合，可被消費
者所接納。

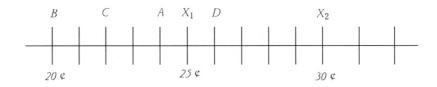

圖 3.5　這個圖表說明消費者對價位不定的評估尺度反映了他們
　　　　對品牌之間相似性的信念

　　　價格差異的最後一個要素是採行習慣價格，或稱心理價
格。例如，售價標為「 49 ¢ 」或「 $199.99 」就是屬於習慣
價格。這些習慣價格的基本假設是消費者將被誤導而認為 $
199.99 真的要比 $200 來得便宜，因此將較可能購買以這種方
式標價的產品。令人訝異的是，沒有太多研究試著檢驗這種
標價策略的效應；而在這個領域內的少數研究之間卻又得到
不一致的結果。例如， Ginzberg(1936) 並未發現習慣價格
（如 49 ¢ ）所產生的獲益一致地高於整數價格（如 50 ¢ ）。
同樣的， Lambert(1975) 檢驗非整數價格（可找零頭的價格），
也得到不一致的結果。如同圖 3.5 所例示的，價格的計量有
可能發生某些非線性的重組。這可能使 $1.09 與 $1.08 的心理
距離似乎要比 $1.09 與 $1.10 的距離更為接近（雖然兩者的差距
都是 $0.01 ）。未來的研究應該設法澄清這中間的某些疑點。

㈢價格變動

　　　價格變動的研究主要是考慮兩種基本的定價策略。萃取

式的定價（skimming or creaming pricing）策略是在開頭時以相當高的價位引進一種新產品。這樣的高價位「萃取」那些願意付費的消費者。產品的高價位也可以增強產品品質的形象（透過訴諸於價格—品質的關係）。然後，當產品的形象、地位建立起來之後，就可稍微降低該價位；這個較低價位現在可能被視為相當合算，並甚至吸引更多的消費者——比起當初若未實施萃取式的定價策略。 DellaBitta 和 Monroe（1974）為這類價格變動的效應提供了一項間接的檢驗。他發現曾暴露於原先較高價位的消費者認為後來的較低價並不昂貴，但未曾經歷過原先較高價位（即一開始就只接觸較低價位）的消費者則不認為該較低價位是便宜的。我們可以看出，在這樣的程序中，消費者所評鑑的對象並未改變（都是針對同樣品牌的同樣價位）；反而，有所變動的只是消費者在接觸該價位之前曾暴露於另外較昂貴的（或較便宜的）價位——不論是否出自同樣品牌。換句話說，如果消費者先前曾暴露於售價 $80 的 B 品牌無線電話，他將會認為售價 $50 的 A 品牌無線電話並不昂貴；同樣的，如果消費者先前曾暴露於售價 $80 的 A 品牌無線電話，這時候售價 $50 的同樣 A 品牌無線電話將被視為相當便宜。需要注意的是，萃取式定價策略的效果可能代表先前描述的價格的適應水準和同化—對比效應的一個特殊案例。

另一種定價策略稱為滲透式定價（penetration pricing），它是在開頭時以相當低的價位引進一項新產品。這樣的低價位被認為可以吸收消費者注意到該產品，因此有助於新產品「滲透」到市場中。然後，當該產品的地位穩固之後，就可以提高價格了。這個較高的價格可能不受歡迎，但消費者在這之前可能已經養成了購買這種滲透式定價產品的習慣，或

可能已經瞭解了該產品的良好屬性。 Doob, Carlsmith, Freed-
man, Landauer 和 Soleng(1969) 利用藥局中的常用產品（如，
漱口水）直接測試這個方向的推論。他們發現到，消費者通常
覺得原先滲透性低價位的提高是不被允許的。當滲透性低價
位提高之後，原先的消費者要比打從一開頭就只暴露於較高
價位的消費者較可能轉換品牌。

五、其他內在歷程對認知和記憶的影響

認知和知覺在許多方面有著如此密切的關連，以致於許
多研究學者傾向於在兩者之間劃上等號（如， Kassarjian &
Robertson, 1981; Robertson, 1971 ）。但如同先前論述的，知覺
的機制和認知的機制事實上是截然不同的。顯示，上述的信
念源於認知在許多情況下可被視爲透過記憶的運作所進行的
相當持久的知覺（如，對有關產品屬性之訊息的意識）。例如，
回想一下 x_1，品牌的青豆（先前在價格的主題中討論過）。如果
我們所考慮的是消費者對產品的意識以及消費者對產品屬性
（品牌名稱、青豆大小、口味）的意識，我們就是在考慮知覺。
然而，一旦這些產品訊息被編碼、貯存和提取，我們就轉移
到對記憶歷程的考慮。此外，一旦這些產品訊息在眞實性方
面受到評鑑，被放置在市場空間，或是同其他品牌進行比較
等等時，我們就轉移到認知方面的考量了。

這並不是說知覺（就對新訊息的注意歷程而言）必然是準確
的，或被認爲將會影響認知。例如， Naylor(1962) 分發正規
包裝（9 盎司）和樣本包裝（9 、8 或 7 盎司）的油炸馬鈴薯
片給 144 位馬鈴薯片的常客，要求他們對正規包裝和樣本包
裝作個比較。這些消費者報告較不喜歡較輕的樣本包裝——

即使他們也報告樣本包裝與正規包裝的重量大致相同。知覺是否影響了認知？這個情境說明了把知覺視為其他各種內在歷程之前提的困難所在。一方面，知覺似乎發生作用，因為消費者受到刺激情境的影響。另一方面，知覺似乎沒有發生作用，因為消費者無法指出影響他們行為的變項。這項簡要的陳述與其他領域的心理學研究趨勢維持一致（比較 Nisbett & Wilson, 1977; Tversky & Kahneman, 1973; 1974），並為某些獨特類型的交互作用提供了背景，我們在本書中將會不時提到。

在消費者無法指認影響他們的變項的某些例子中，較具關連的反而是知覺對記憶歷程的影響。回想 Marder 和 David（1961）的研究，其中的「再認」分數顯示了實質上的「投射」失誤。這些類型的失誤在這個背景中可被視為是記住某些未曾呈現的事物，因此並未經過知覺的處理。知覺與記憶之間可能要比我們所預期的具有更大的自主性。你或許已注意到，第一章所提的消費者行為的模式中，大多數的片面型模式和許多自動控制型模式都傾向於把知覺放在認知和記憶之前（比較圖 1.3 和圖 1.4）。然而，Naylor（1962）以及 Marder 和 David（1961）的研究卻指出，認知和記憶可能與知覺之間並未有如此緊密的關連。儘管如此，如果說記憶經常受到對產品屬性之意識的影響，這似乎仍是一項妥當的通則。

近期有大量的研究試著探討情緒對記憶的影響，其中兩個領域的研究與我們目前對消費者行為的論述有直接關連。考慮色慾刺激在商業廣告中的效應。這類廣告的某些效果將在第 6 章（情緒）和第 7 章（動機）中討論。色慾成分除了可能影響情感和欲望之外，它也可能透過對情感的效應而增進消費者對產品訊息的貯存和提取。例如，Witt（1977）指

出，如果廣告內容中能夠調和或統合激發性成分與非激發性
成分，那麼激發性成分的促動效果將可增進消費者對非激發
性成分的訊息處理。換句話說，如果廣告中的色慾成分能夠
與重要的產品訊息融合起來，消費者將較可能去處理該產品
訊息。例如，我們曾提過 Kroeber-Riel(1979) 的研究，他發
現色慾題材可以提高消費者眼睛注視的頻率。這表示消費者
可能較為注意色慾題材；這份升高的注意力可以導致消費者
較好的記憶保留。我們舉個簡單的例子來說明這種交互作用
的效果：想像為扳手所做的一個色慾廣告，並呈現給可能使
用扳手的男性觀看。廣告上有兩句宣傳標語，一句印在廣告
的最下方，另一句則印在模特兒的比基尼泳裝上。你認為男
性們較可能記住那一句標語？

　　情緒可能影響記憶的第二種方式涉及情境依賴學習
(State-dependent learning) 的概念。這個概念是指，當提取期間
的情緒狀態符合學習期間的情緒狀態時（例如愉快、害怕、悲
傷、激動），這種狀況下的記憶提取將較為順利（較能促進記
憶）(Bower, Monteiro & Gilligan, 1978; Macht, Spear & Lewis, 1977)。
這種現象對於消費者對產品訊息的提取具有重要的意涵。第
6 章中，我們將會提到一位家庭主婦消費者因為制約作用，
每當她看到某種品牌的衣物柔軟精，就會興起一種「溫暖、
明亮」的感覺。當她走進商店，看見這種品牌座落在陳列架
上，她就覺得相當愉悅──根據古典制約理論的說法，這是
一種制約的情感反應 (conditioned affective response)。此外，因
為這位家庭主婦目前所處的情緒狀態非常吻合她處理、編碼
和貯存該產品訊息時的情緒狀態，因此她也將記得較多關於
這種品牌的柔軟精的訊息。情境依賴學習的概念指明了，當
某位消費者面對某種產品就會因為制約作用而體驗到正面情

感時，他在購物的那個時刻將較易於提取過去在正面情感的
情境中呈現的那些產品訊息。

從本章稍前引用的 Marketing News(1981) 的研究觀點來
考量，情境依賴學習的概念還具有另一個意涵。該研究指
出，情緒導向的廣告或許可在市場中有所斬獲，但消費者在
後來的回想測驗中所得分數並不高。這種現象的一個可能解
釋是：當消費者接受有關理性導向廣告的回想測驗時，他們
典型地處於一種理性的、訊息處理的心境狀態，這種心境狀
態類似於他們先前獲得該理性導向廣告之訊息時的心境。然
而，當消費者接受有關情緒導向廣告的回想測驗時，他們這
時候所處的理性、訊息處理的心境狀態可能妨礙他們對原先
訊息的提取，因爲他們先前獲得訊息時是處於愉快的、正面
的情感狀態。 Hecker(1981) 也曾指出，當消費者在理性的、
訊息處理的心境下執行市場研究的回想測驗時，廣告中的理
性成分可能占優勢或較爲突顯。

除此之外，我們應該也相當熟悉高度動機與順利的訊息
貯存和訊息提取之間的關連。在學校中，每當期末考逼近
時，我們常可看到學生們臨時抱佛腳，填鴨式地死記教材。
同樣的，我們可以想像當一位汽車駕駛人得知他的座車即將
壽終正寢時，他在那個星期中將會如何開始尋找、處理和貯
存可在汽車市場中取得的相關訊息。如同 Hulse, Deese 和
Egeth(1975) 所指出的，某些程度的動機是從事記憶處理的
必要條件。缺乏適度的動機，個體將不會展現行爲，不會與
環境發生互動，也不會尋求新訊息等等。然而，除了這類有
限的影響外，我們尚不清楚動機對記憶是否還有其他效應。

六、結論：你看到我所看到的嗎

　　本章所討論的諸多原則主要是圍繞著這樣的假設：消費者將會對某項產品及其屬性持有某種信念。這個假設的一個重要層面顯現在對價格知識所做的研究上。有些研究證據顯示，在某些產品上，消費者對價格的信念相當準確。對於某些銷售迅速、經常購買的產品（如漢堡、香煙、飲料等），消費者似乎對其價格知之甚詳。例如，根據《 Progressive Grocer 》商業雜誌（1964）的調查，有 86 ％的消費者知道 6 瓶裝清涼飲料的正確價格（並有 91 ％的消費者所報告的價格在正確售價的 ± 5 ％之內）。然而，只有 2 ％接受調查的消費者知道油酥（一種不常購買的產品）的正確價格。另有些研究則指出，消費者通常不會很在意價格。例如， Wells 和 LoSciuto（1966）實地觀察超級市場中的消費者，以便確定消費者是否對價格訊息很感興趣。他們發現只有 25 ％的消費者當選購某種品牌的清潔劑時會去尋找價格訊息；只有 13 ％的消費者會去檢視一包麥片粥的價格。

　　有鑒於此，有些研究人員感興趣的是如何使得消費者更能意識到產品價格。近期施行的單位定價（unit pricing）可說爲這些研究人員提供了檢視消費者的價格信念的一個良好機會。在單位定價方面，每件產品的價位以兩種方式標示出來，一種是獨斷的、傳統的方式（例如，每罐 $1.09 ），另一種則是以每單位重量（或容量）的價格的方式標示出來（例如，每磅 $1.50 ）。同其他許多研究相符合， Carman（1973）發現只有大約 1/3 的消費者使用到單位定價。然而， Russo, Krieser 和 Miyashita（1975）卻發現，如果單位定價能夠以一

種清楚的、筆直的表格方式陳列出來，將可使消費者更爲意
識到產品價位。通常，單位價格被放置在陳列架上每種產品
品牌的下方。 Russo 等人將商店中所有的產品品牌製成一覽
表，按照順序從最低的單位價格（例如，每夸脱 $1.11 ）排到最
高的單位價格（例如，每夸脱 $2.01 ）。這張一覽表顯然可使
消費者更爲瞭解價格，因爲一覽表中的單位定價可以導致較
符合經濟效益的採購。例如，當利用正規的陳列架上的單位
定價時，每夸脱洗碗精所要支付的平均價位是 69.5 ￠；當利
用一覽表的單位定價時每夸脱洗碗精所要支付的平均價位是
67.5 ￠。我們可以看出，表格式單位定價的主要作用是使消
費者得以簡化原本複雜而困難的記憶作業：貯存、提取和比
較所有現存品牌的單位價格。

4 │ 認知與説服

　　本章可説是前一章的一個延伸。第 3 章提到記憶和認知如何導致消費者發展出對某項產品的信念。這一章中，我們將論述這些信念如何隨著刺激情境中的變動成分而有所修正。説服（persuasion）通常被定義爲是一種經過設計的溝通方式，其目的在於改變對方的認知（態度、信念、意見）。本章中，我們將考慮説服性溝通的各個要素的效應，也將論及如何安排這些要素，以便產生最大的説服效果。然後，我們將考慮與説服歷程有關連的兩種正式的、認知取向的理論，即歸因理論與 Fishbein 的「態度的多重屬性模式」。需要記住的是，我們在本章的任務是瞭解消費者對某項產品的信念如何被組合、統整和改變。

　　説服領域內的許多處理方式有賴於標準的記憶術（亦即「誰向誰説了什麼，透過何種方式」），以便強調來源、訊息、聽衆和媒體效果等關鍵性要素（比較 Baron & Byrne, 1977; Myers & Reynolds, 1967）。這套正統的公式在確認説服歷程的關鍵性要素上可能相當有用。然而，我們在這裡依賴一種較簡易的區分，也就是形式與內容之間的區分（Holbrook & Lehmann, 1980; Soldow & Thomas, 1984）。內容是指説服性訊息的實際成分，形式則是指那些成分在訊息背景中的安排和結構。我們以下討論有關説服的這兩個層面。

一、內容

(一)易讀性

內容是指說服性溝通的成分。 Flesch(1949) 曾試著測量刺激情境的這個內容屬性,他發展出了所謂的 Flesch 計數。這項測量爲書面溝通資料易讀性(readability)提供了一個指標。 Flesch 計數的範圍從 0 (對某些科學著作而言)以迄於 100 (對某些漫畫書而言);因此,當分數愈高時,書面溝通資料愈易於閱讀。這個易讀性的指標考慮了句子的字數、前置詞(prefixes)和接尾詞(suffixes)所占的比例,以及個別附註所占的比例等。

Whyte(1952) 也發展出一種「 adiness 指數」,試著測量書面說服性資料的內容。如同 Flesch 計數的方法一樣,這種指數也是建立在連字號、斜體號、引號、多重形容詞、驚歎號、口頭禪和省略符號(如:「……」)等的使用比例上。 Whyte 發現,根據對全國性雜誌中的廣告所進行的抽樣分析,其 adiness 指數是 5.7 ;但在同樣的雜誌中,其社論的 adiness 指數是 0.9 。這表示 adiness 指數確實能夠區別出廣告與其他形式的書面溝通資料。同樣的, Shuptrine 和 McVicker(1981) 也例證了,在諸如《科學美國》和《財富》這類雜誌中,其廣告的易讀性通常位於或低於第 11 級的閱讀水準。

Whyte 透過比較相當有效的廣告和相當無效的廣告(廣告的有效性是根據 Gallup-Robinson 的市場調查結果)的 adiness 分數,以決定 adiness 是否眞的具有鑒別力。結果發現無效廣告

的平均 adiness 指數是 10.8 ，而有效廣告的平均指數是 7.4 。
這表示「 ady 」內容或不能作為說服的一種有效手段。

㈡技術訊息

內容的另一個維度是廣告中的技術水準或量化訊息。例
如， Anderson 和 Jolson(1980) 發現，在商業廣告中增加使
用技術性語言將會導致消費者把產品評為較不耐用、較難操
作，以及較高定價。然而，對於該類產品相當專業的消費者
而言，較高水準的技術性語言可引起他們較高的產品評價和
較強的購買意願。同其他研究 (Scammon, 1977; Yalch & Elmore-
Yalch, 1984) 的結果相符合，這項研究指出了，採用量化的、
高度技術性的產品描述或許有效，但只限於某些情況下。

㈢訊息的數量

這個研究領域較近期的努力集中於商業廣告的訊息內容
上。訊息內容 (information content) 可被定義為廣告中可以計量
的、可以測試的、客觀的訊息數量。例如， Resnick 和 Stern
(1977) 發展出一套分類系統，根據 14 種不同類型的訊息（包
括：價格—價值，表現、便利性、品質、特價、擔保、成分、新觀
念、味道、營養、安全、包裝、獨立研究，以及公司研究）來測量廣
告的訊息內容。運用這套方法， Resnick 和 Stern 發現在所研
究的電視廣告中， 49 ％包含一種類型的訊息， 16 ％包含兩
種類型的訊息。另外，根據 Stern ， Krugman 和 Resnick
(1981) 的分析，有 86 ％的雜誌廣告包含一種類型的訊息， 52
％包含兩種類型的訊息。顯示，電視廣告中的訊息內容相當
低，這符合 Krugman(1965) 的另一項發現，他注意到消費者
當觀看電視廣告時顯現低度參與的學習（將會在第 5 章討論

到）。

這項研究工作以及相關的探討（比較 Andren, 1980;
Holbrook & Lehmann, 1980 ）顯示廣告的確包含某些訊息內容。
然而，許多研究人員已考慮到所謂的「訊息過度負荷」(infor-
mation overload) 的現象（例如，Jacoby, Speller & Kohn, 1974 ）。
這個現象是指太多的訊息可能使得消費者難以處理或無法有
效地處理。因爲受到難以掌管的大量產品訊息的轟炸，消費
者可能因此感到挫折，或試著從該廣告中退卻下來。根據
Russo ， Kreiser 和 Miyashita(1975) 對單位價格一覽表的研
究（先前在第 3 章討論過），它清楚指出消費者可能不會總是
去利用刺激情境中的訊息內容。

二、形式

㈠單方面訊息對雙方面訊息

內容指的是說服性溝通資料的實際成分，形式(form) 則
是指這些成分的安排和結構。以下我們例舉單方面訊息和雙
方面訊息的相對有效性，它可以說明形式對說服效果的影
響。單方面訊息是只呈現某個事物美好的、正面的觀點。另
一方面，雙方面訊息是呈現某個事物美好的、正面的觀點，
並也承認該事物某些缺點的存在。研究顯示，如果人們最初
就偏愛該觀點，或如果單方面訊息中的觀點（立場）將是他們
唯一所能接觸到的，那麼單方面訊息將最爲有效。另一方
面，如果人們最初就不喜歡該觀點，或如果人們可能在未來
接觸到對立的論點，那麼雙方面的訊息傾向於較爲有效
(Hovland, Lumsdaine & Sheffield, 1949; Jones & Brehm, 1970;

Lumsdaine & Janis, 1953）。

　　需要注意的是，在資訊四通八達的現代社會，消費者往往較常面臨後者的處境；也就是最初不喜歡某項新產品，或有很大機會接觸到競爭產品的其他說服性訴求。這表示雙方面訊息通常應該較為有效，近期的研究也支持這樣的推論（比較 Mullen & Peaugh, 1985; Settle & Golden, 1974; Swinyard, 1981）。圖 4.1 呈現了有關雙方面廣告的一個正統示例。我們稍後會再回到有關雙方面訊息之有效性的議題上。

> **Men wanted for hazardous journey.**
> **Small wages, bitter cold, long months**
> **of complete darkness, constant danger,**
> **safe return doubtful. Honor and**
> **recognition in case of success.**
> **-Ernest Shackleton**

圖 4.1　雙方面訊息的一個正統示例。這篇廣告是由南極探險家 Shackleton 刊登在倫敦報紙上。根據報導，它吸引到的志願者人數前所未見。

㈡順序的效應

　　說服性訴求在形式上的另一個基本層面是來自所謂的順序效應（order effects）。有些研究人員感興趣的是，信息中的關鍵性成分應該放在最前頭或結尾的地方，才能較具效力。回想先前在第 3 章所討論的序位效應（如，McCrary & Hunter, 1953），它是指呈現在某個系列最前頭或結尾部位的訊息通常被記得較好，而對於呈現在該系列中間位置的訊息則相對

記得較差。然而,這是指記憶或訊息保留,而不是指影響力或信念的改變。

Hovland(1957) 曾執行許多研究來檢視說服的順序效應,這些研究的結果共同指出,我們無法找到簡易的通則來說明何種呈現順序最具有說服效果。然而,在某些情況下,最先呈現的訊息可能要比稍後呈現的訊息更具說服力。例如,把人們想要的訊息排在最前頭似乎要比把人們不想要的訊息排在最前頭更為有效。同樣的,把支持某種立場的訊息安排在反駁該立場的訊息之前(即先贊成—後反對)似乎要比相反的順序(即先反對—後贊成)更為有效。

(三)來源的可靠性

說服性訴求在形式上的另一個要素是來源的可靠性 (source credibility),這方面受到了較透徹的探討。當信息來源具有吸引力、值得信賴、專業、以及/或者具有與該信息的接受者相似的特質時,這樣的信息來源將被認為較為可靠(可信)(Eagly & Chaiken, 1975; Hovland & Weiss, 1951)。在這個主題上,近期的一個變化形式是利用公司的總裁或董事長作為產品的發言人(例如,李‧艾科卡作為克萊斯勒的發言人;Henry Block 作為 H & R Block 的代言人;比較 Rubin, Mager & Friedman, 1982)。這顯然是基於一個普遍的發現:透過某位高度可信來源的推薦可以增進說服的有效性。當前的研究方向則在試著瞭解為什麼可靠來源較具有效力。在這方面,有兩個不同的解釋深受矚目。第一,可靠來源可能本身就較能令人信服。第二,可靠來源可能較能吸引我們對該信息的注意力,因此使我們較易於受到影響(Atkin & Block, 1983; Eagly, 1983)。當然,這兩種解釋都具有部分的正確性。

㈣事後效應

　　事後效應（sleeper effect）是來源可靠性效應的一個有趣的例外，它是指來自某個不可靠來源之溝通信息的說服效果，隨著時間反而有所增加。 Kelman 和 Hovland(1953) 呈現給受試者一份說服性溝通信息，並告訴某些受試者該信息是來自一位著名的法官（高度可靠來源），但告訴其他受試者該信息是來自一位曾因持有毒品而遭逮捕的人士（低度可靠來源）。這項說服性訴求的立即結果符合來源可靠性的基本效應：那些暴露於高度可靠來源的受試者要比暴露於低度可靠來源的受試者較為信服該信息。然而，3 個星期之後，高度可靠來源之受試者對該信息的信念多少有些緩和，而低度可靠來源之受試者對該信息的信念反而有所增強。看來似乎，一旦對來源的認同被遺忘了，那麼信息本身自然就具有某種程度的說服力，而顯示了說服性訴求的長期效應。關於這種事後效應，已有大量研究試著探討其機制，並甚至其實質存在 (Gillig & Greenwald, 1974; Gruder, Cook, Hennigan, Flay, Alessis & Halamaj, 1978; Hannah & Sternthal, 1984)。雖然有關事後效應的這些研究指出甚至不可靠來源也可能具有某些說服效果，但是最好的策略可能仍是使用可靠的來源（然而，下面的趣味欄中呈現了另外一種觀點，它是摘自 Neal Rubbin 在 Knight-Ridder 報紙上所寫的一篇報導，該篇報導的標題為「大眾現在已不買『笨蛋名人』的帳」）。

趣味欄

「消費者愈來愈聰明了」任職於紐約 *Inferential Focus* 諮詢公司（針對於分析各種趨勢）的 *Carol Colman* 指出，「他們已看穿了借助名人為產品背書的騙局」。

牛肉產業理事會聘請西碧‧雪佛（Cybill Shepherd）來作廣告，她告訴美國人，她不信任不喜歡漢堡的人。然後，她接受 *Family Circle* 雜誌訪問時，卻又表示她避免吃紅肉。

People 雜誌刊登了一張百事可樂的代言人唐‧強生（Don Johnson）啜飲低熱量可口可樂的照片。

Paris Match 雜誌聲稱，雪兒（Cher）把她的美好身材歸功於勤加運動和 *Vic Tanny* 減肥藥，但事實上她已花費了 4 萬美金做各類的美容手術。伊塞亞‧湯瑪斯（Isiah Thomas，一位著名的 NBA 籃球明星）因為在電視廣告中推薦日本汽車而廣受批評，他承認他是因為美國汽車製造商對他不感興趣之後，他才轉向 *Toyota* 汽車。

「他們幾乎不相信名人」，任職於 *Video Storyboard* 公司（位於紐約的一家廣告調查公司）的 *Dave Vadehra* 表示，「他們知道那些名人只是拿錢辦事」。

如同南加州經紀公司的名人掮客 *Fd Adler* 所說的，「如果有利可圖的話，有些名人連毒瘤都可以拿來賣」。

約翰‧霍斯曼（John Houseman）已成為經常替商品背書，又不知何時該閉嘴的一個不良榜樣。他為 *Smith Barney* 所拍的廣告（「我們以傳統的方式賺錢，我們取之有道」）可說一敗塗地。他為麥當勞製播的電台廣告也全軍覆沒。

「我就是無法想像這個傢伙適合出現在麥當勞的廣告中」，*Bloomfield Hills* 地方一家廣告公司（D'Arcy, Masius, Benton & Bowles）的創意

總監 *Steve Kopcha* 作了以上的表示。

Kopcha 進一步強調，「只因為別人都這樣做，就一窩蜂地找名人拍廣告，這實在瘋狂」。事實上，「找錯了代言人無疑雪上加霜，因為你花了一大筆錢，到頭來卻自挖牆腳。除非你有十足的理由，否則千萬別用這些人」。

（ 經 Knight-Ridder News Service 同意轉載 ）

㈤重複

說服性溝通在形式上的另一個層面是重複（repetition），這方面也曾執行了大量的研究。先前我們已檢視了重複對記憶歷程的影響（第 3 章）。第 6 章中，我們將檢視重複對產品情感的影響。在這裡，我們所考慮的是重複對兩個不同的認知面的影響，即產品的評估以及說服性溝通的效果。

消費者重複暴露於商業廣告已是生活中不可避免的一部分。學前兒童平均每星期觀看 30 個小時的電視節目。因為廣告和其他推銷手法大約占播放時間的 22 %：

美國兒童的世界中嚴重充斥著形形色色的廣告角色，演出的內容盡是在推銷商品的好處、交易的價值、以及獲得商品的樂趣。美國兒童每個星期收看到 800 個或 900 個這類 10 秒、20 秒和 30 秒的戲碼。這表示兒童在進入幼稚園之前，他們的腦海中就已被塞進了累計大約 25 萬個的廣告畫面。比較起來，如果兒童每星期都參加宗教禮拜，不曾缺席的話，他在同樣的期間將只聽過 260 次的祝禱（Goldsen, 1978, p.356）。

　　這樣的重複可能導致消費者對該重複刺激的評價有所改變。許多研究顯示，重複一般可以導致較有利的評價，這種現象有時候被稱為「純粹暴露」（mere exposure）效益。例如，Zajonc(1968)讓人們在不同重複程度下暴露於各種刺激（如，男性的臉孔，土耳其文字），稍後要求這些人們在一個從0到6（0表示不喜歡，而6表示喜歡）的量表上評價該刺激。研究結果顯示，較熟悉的，較常重複的刺激要比較不熟悉的、較少重複的刺激被評為較喜歡（比較 Maslow, 1937; Stang, 1977）。

　　雖然這樣的純粹暴露效應相當引人興趣，但是這個概念存在有3個基本疑難，這些疑難可能限制了把該效應推廣到消費者行為上。首先，許多研究中所得的量表值（Scale values）並未與對重複刺激之正面評價的發展維持一致。例如，在Zajonc(1968)的研究中，先前重複次數為0的刺激（即受試者從未曾見過的刺激）所得到的平均評價是2.7（表示「輕度不喜歡」）；另一方面，先前重複次數為25的刺激所得到的平均評價為3.7（「中立評價」；在從0到6的量表上，其中點為3.5）。因此，經過25次重複後（在大多數這類研究中使用到最多的重複次數），評價上的變動最多只能說從「輕度不喜歡」轉為「中立評價」。我們很難想像，商業機構花費大筆錢重複打廣告後，只希望造成消費者認知上如此無力的變動。

　　把純粹暴露效應類推到消費者行為上的第二個疑難是：當超過某種程度的暴露次數之後，評價與重複暴露之間可能已不是一種單純的、線性的關係。日常生活中，我們常可看到過度暴露的情形。例如，當你所喜歡的菜餚一再進食之後，可能造成你對這道菜的味道感到麻木。Stang(1975)已例證了這種過度暴露於某種味道的現象。

　　最後一個疑難是：消費者「暴露於什麼」？想像某個人重複地暴露於「大漢堡」的廣告，這個人一再地接觸到「大漢堡」廣告中的叮噹聲、商標名稱和徽章，他可能因此喜歡上「大漢堡」的叮噹聲、名稱和徽章。但如果他吃了大漢堡後卻發覺它味如嚼蠟呢？這時候重複暴露於該廣告可以提高消費者對該產品的評價嗎？

　　當然，廣告的重複呈現可對消費者行為產生某種衝擊。然而，我們如果據以認為它的唯一（或最重要的）效應是可以提高消費者對該產品的認知評價，這樣的推論將是輕率而不嚴謹的。

　　關係說服性溝通的效果，研究結果顯示了，相似信息的重複呈現可以提高效果，但相似信息的重複呈現可能實際上降低效果。例如，Johnson 和 Watkins(1971) 發現到，某項信息的 1 次呈現要比同樣信息的 5 次呈現可以導致受試者較為贊同的態度。Belch(1982) 的研究指出，增加某項信息的重複次數並不會增強消費者的態度或購買意願，反而實際上可能提高了「對立的議論」，即促成消費者內心產生反駁該說服性信息的議論。另一方面，McCullough 和 Ostrom(1974) 發現相似信息的 5 次呈現要比一次呈現可以導致受試者較為贊同的態度。這些結果顯然符合近期的許多廣告活動，這些活動針對某個基本主題而有多種的展現手法。

　　這一節中，我們討論了刺激情境中傳達的信息在內容和形式上如何能影響消費者的認知和偏好。接下來，我們將轉向論述兩個認知取向的理論，這兩個理論是針對於解釋說服的現象。

三、說服的認知理論

(一)歸因論

一般而言，Heider(1958) 被視爲開啓了歸因論 (attribution theory) 的正式發展。歸因論是在描述人們藉以決定他們世界中的行爲和事件之起因的認知歷程。歸因論是在社會心理學的範疇內發展出來，主要在於探討人們如何試著理解彼此的行爲。根據 Heider 的說法，一般人們試圖爲所觀察的事件找到一個充份的理由。一旦找到了一個可行的解釋，觀察者就會中止他的尋找。雖然歸因論並非單純地只是一種說服性理論，但它能夠提供關於說服現象的許多洞察力。

Kelley(1967, 1973) 在 Heider 的早期研究的基礎上提出了一個進一步的延伸，它詳述了人們在不同情況下將會使用的各類推論。當人們做了不只一次的觀察時，他們通常使用共變原則 (covariation principles) 來決定某個事件的起因。如果只能做一次的觀察時，他們通常使用完形原則 (configuration principles) 來決定某個事件的起因。以下我們詳述這些原則。

爲了說明共變原則的運作，假定你觀察到一位當事人正以某種方式對某些實體展現行爲。例如，你（觀察者）注意到鮑布（當事人）似乎喜歡飲用（行爲）Flurple 蘇打水（實體）。你想要確定，這所反映的是有關 Flurple 蘇打水的特性（Flurple 蘇打水味道絕佳；一種外向歸因），或者所反映的是有關鮑布的不尋常特質（他喜歡怪異的味道；一種內向歸因）。

如果你得以接觸到多重訊息，你將能夠利用共變原則來決定這個行爲的起因。人們通常應用訊息中的三個重要維度

來從事這類的因果推論。輿論（ consensus ，或稱共識）是指其他人們對該實體的反應，當人們對該實體的看法愈具共通性，該實體就愈可能被視爲行爲的起因。一致性（consistency）是指該實體和該行爲傾向於在不同時間點或在各種不同形式的交互作用中共同發生。一致性愈高，該行爲就愈可能被歸因於當事人或該實體；需要注意的是，當一致性很低時，觀察者將無法歸因於當事人或該實體。特定性（distinctiveness）是指行爲發生的特異性和針對性。該行爲愈是只針對目標實體而發生，特定性就愈高，該實物就愈可能被視爲行爲的起因。

因此，如果其他每個人都喜歡 Flurple 蘇打水（ 高度輿論 ），如果不論白天或夜晚，天熱或天冷，鮑布總是喜歡 Flurple 蘇打水（ 高度一致性 ），並如果鮑布只喜歡 Flurple 蘇打水，而不喜歡其他的碳酸飲料（ 高度特定性 ），那麼你將會被引導而推斷 Flurple 蘇打水必然眞的是一種好飲料（ 外向歸因 ）。另一方面，如果除了鮑布之外，沒有其他人喜歡 Flurple 蘇打水（ 低度輿論 ），如果不論白天或夜晚、天熱或天冷，鮑布總是喜歡 Flurple 蘇打水（ 高度一致性 ），並如果鮑布也喜歡碳酸可樂、香檳和 Burpo 碳酸水，只要是含有氣泡的飲料便行（ 低度特定性 ），那麼你將會被引導而推斷應該是鮑布具有某些不尋常的特質（ 內向歸因 ）。

我們可以應用這種方法來影響消費者如何解釋商業廣告中傳達的訊息。我們提供給廣告機構最好的建議是，設法在廣告中提供有關高度輿論、高度一致性和高度特定性的訊息。這樣的策略將可導致消費者發展出外向歸因（例如，「該產品必然眞的不錯」）考慮一下圖 4.2 所例舉的廣告。它非常直接地呈現有關輿論、一致性和特定性的訊息，與剛才所建議

的廣告型態如出一轍。

圖 4.2　在商業廣告中應用 Kelley(1967, 1973) 的共變原則的
　　　　一個實例

　　我們接著討論歸因論的第二個層面，即所謂的完形原則。為了便於說明，假定你發現湯姆似乎喜歡飲用 Flurple 蘇打水。如果你所能取得的只有這項觀察，你可能必須依賴完形原則來決定該行為的起因。完形原則涉及使用基模 (schemas)，或內隱的、現成的因果公式。對某些類型的事件而言，我們可能已擁有文化上既定的基模，並被冠上便利的婉轉說法。例如，當一個較低地位的人（如，一位學生）提供一個較高地位的人（如，一位老師）某些私人服務時，我們可能推論地位較低者的好意是出於想要奉承地位較高者。我們用來指稱和解釋這樣事件的婉轉說法是「迎合」(apple polishing)。當然，在另一些事件上，我們可能缺乏一個現成的因果公式。關於湯姆以及他對 Flurple 蘇打水的喜好，你可能就缺乏一個解釋人們對飲料的選擇的基模。在這樣的事件上，你將必須依賴另外兩個完形原則的運作。

　　增值 (augmentation) 這個完形原則是指當從事某個行為將需要付出相當的成本、風險或犧牲時，這樣的行為將較可能被歸因於當事人（例如，Jones, Davis & Gergen, 1961）。因此，如果你知道 Flurple 蘇打水是一種非常、非常昂貴的飲料，或是你知道湯姆走了 5 哩路只為買一瓶 Flurple 蘇打水，你將較可能推斷他是真正喜歡飲用 Flurple 蘇打水。

　　折扣 (discounting) 這個完形原則是指當有其他可能起因存在時，那麼被認為造成某行為的原來可能起因的角色將會大打折扣。內在起因是始終存在的一個可能起因（「當事人展現該行為是因為他真正那樣覺得，因為他就是那種人」）。折扣原則指出，如果其他可能起因也存在時，該行為將較不可能被做內向的歸因（例如，Jones & Harris, 1967）。例如，如果你知道湯姆飲用 Flurple　蘇打水是因為有人拿槍指著他的頭，或

是他只在被剝奪液體一個星期後才飲用 Flurple 蘇打，那麼你將較不可能推論他是眞正喜歡 Flurple 蘇打水。

應用於消費者的認知上，最好的策略是促進消費者採用增值原則，並防止他們使用折扣原則。這也就是說，當對某項產品的正面聲稱似乎存在有相關的風險或犧牲，並當該聲稱似乎不存在有其他的可能起因時（除了所述的產品品質之外），這樣的正面聲稱將較可能被接受。這類廣告的共同特色是多變化的、或有條件的（可被視爲是先前討論過的雙方面訊息的一種特殊類型）。例如，當這個正面聲稱（蘭姆酒是一種好飲料，具有多種用途）附帶有與該聲稱有關的某些風險時（承認有些時候不適合喝蘭姆酒，諸如開車時），這樣的正面聲稱將較可能被接受。圖 4.3 呈現了這類廣告的一個示例。

近期的研究已清楚證實，有條件的、多變化的、雙方面的廣告訴求傾向於相當有效 (Kanungo & Johar, 1975; Mullen & Peaugh, 1985; Settle & Golden, 1974; Smith & Hunt, 1978; Swinyard, 1981)。例如，Smith 和 Hunt(1978) 呈現給消費者相關新型電視機的幾個廣告，各自包含一些不同的產品屬性（例如，自動調色、電子裝置、壽命保證、附有耳機插座，以及附贈護目鏡）。研究結果發現，多變化的、雙方面的廣告（也就是在廣告中聲稱自己在大部分產品屬性上均屬優異，但也承認該新型機種缺乏耳機插座和護目鏡）要比沒變化的、單方面的廣告（也就是在廣告中聲稱自己在所有產品屬性上均凌駕於其他品牌）被消費者評爲較爲可信。

較近期，Mullen(1984) 指出，否認產品屬性將可能中和多變化的、雙方面訴求的效果。例如，如果廣告描述某種清涼飲料味道絕佳，但瓶子的設計平淡無奇，這樣的廣告較可能被信任，並因此將使消費者產生一種正面的整體產品印

圖 4.3　在商業廣告中應用 Kelley(1967, 1973) 的完形原則的一
　　　　個示例

象。然而，如果廣告描述某種清涼飲料裝在相當迷人的瓶子中，但味道卻很可怕，這樣的廣告也可能被信任，並因此將使消費者產生一種負面的整體產品印象。換句話說，多變化的、雙方面的聲稱似乎可提升消費者對產品描述的接受程度，但如果該產品描述是普遍不利的（否認產品屬性），那麼雙方面的聲稱將失去價值。

㈡ Fishbein 的多重屬性模式

Fishbein 的多重屬性模式（Ajzen & Fishbein, 1980; Fishbein, 1979）是對消費者的信念、態度、意向和行為之間關係的一種複雜而有力的概念構思（conceptualization）。我們將會在後面的章節中提及這個透視觀點——當我們詳盡檢視意向和行為時。在這裡，Fishbein 的模式提供了一個引人注目的探討途徑。藉以瞭解如何從消費者的信念推得他們對產品的整體評價。

Fishbein 的一般方法可用下列的公式來表示：

$$A_b = \varepsilon\, W_i B_{bi}$$

在這個公式中，A_b 是對 b 品牌的整體評價；W_i 是產品屬性的重要程度；B_{bi} 則是有關 b 品牌和 i 屬性的評定信念。例如，表 4.1 呈現了兩位消費者對 B 品牌青豆的評定信念和對應的信念強度。

表 4.1 列舉了 Fishbein 模式中的一些重要元素。需要注意的是，1 號消費者在 3 項產品屬性上對 B 品牌青豆持有信念，而 2 號消費者只在 2 項產品屬性上對 B 品牌青豆持有信念。Fishbein 模式考慮到消費者之間在一系列的產品屬性上

表 4.1　以 Fishbein 的多重屬性模式來說明兩位消費者對 B
　　　　品牌青豆的評價。

	B 品牌 青豆是：	評定信念 (B_{bi})	信念強度 (W_i)	$W_i B_{bi}$
消費者 1：	爽口	+3	3	+9
	顆粒大	+2	2	+4
	合算	-3	1	-3
			$\sum W_i B_{bi} =$	+10
消費者 2：	爽口	—	—	—
	顆粒大	+2	1	+2
	合算	-3	3	-9
			$\sum W_i B_{bi}$	-7

評定信念（B_{bi}）是在下面的量表上測量：

-3	-2	-1	0	1	2	3
一點都不						非常

信念強度（W_i）是在下面的量表上測量：

0	1	2	3
非常弱			非常強

的差異，這些產品屬性在整體產品評價的形成上有著不同程
度的關連。此外，我們也需注意，兩位不同消費者對相同產
品所持的信念可以是同一的（如同我們在「顆粒大小」的屬性上
看到的），或者他們也可以是不同的（如同我們在「合算」的屬
性上看到的）。最後需要注意是的，2 號消費者所持的最強信
念是「合算」，這卻是 1 號消費者最弱的信念。同樣的，1
號消費者所持的最強信念是「爽口」，但這甚至未列入 2 號
消費者的考慮之中。Fishbein 模式考慮到消費者之間在信念
強度上的差異。因此，雖然 1 號消費者和 2 號消費者可能在
他們對 B 品牌的分歧評價上難以達成協議，但 Fishbein 模式
可以輕易解讀產品評價上的這些差異。

　　乍看之下，Fishbein 模式與雙方面的、引起增值的溝通

方式（先前描述過的）之間似乎存在某些出入。一方面，Fish-
bein 模式指出，最正面的整體評價應該源於整合對產品所持
的許多強烈的正面信念。另一方面，雙方面的、增值型的溝
通方式是建立在這樣的假設上：最正面的整體評價應該源於
整合對產品屬性的許多正面信念，並配合對產品屬性的一項
負面信念。

這兩種透視可以輕易地調和。雙方面溝通方式所涉及的
認知歷程被認為在一個較高的水準上運作──比起 Fishbein
模式所涉及的機制。因此，雙方面的、增值的溝通方式中所
包括的那一份負面訊息將在 Fishbein 的公式中加入了少些負
面訊息。然而，因為傳達訊息者願意承認那份負面訊息，這
可能產生回饋而提高消費者對其餘的（正面的）訊息所持的信
念強度。這將導致消費者賦予正面訊息較重的份量，遠超過
平衡該少些負面訊息（包含在雙方面的聲稱中）所需的。其結果
是全面提升了對產品的評價。

Fishbein 模式也可用來說明來源可靠性的效應。例如，
在表 4.1 中，1 號消費者和 2 號消費者都把 B 品牌青豆評為
高度不合算。然而，2 號消費者所持的這份信念要比 1 號消
費者強多了。這可能反映了一個事實，即 1 號消費者的訊息
來源可能是當他排隊結帳時，剛好排在他前方的一位陌生人
（低度可靠性來源）。另一方面，2 號消費者的訊息來源則可
能是消費者基金會在電視新聞中的報導，該基金會在一星期
前曾對青豆的合理價位執行過一項調查。因此，透過較可信
來源所獲得的信念將會在 Fishbein 模式中被評為較具份量。

四、結論：除了玫瑰之外，你可以稱它任何其他名字

我們在這裡要談的是一種很微妙形式的說服，它也很少受到研究學者們的注意。部分是出於其內容，部分則是出於其形式，這類廣告使用來描述產品的字眼所發揮的效應，往往是我們未能充分認識和感知的。專欄作家 Merle Ellis(1986) 曾討論以正確但誤導的方式來描述產品的多種方法。例如，Ellis 曾提及某家肉品商店外掛著一個招牌，上面寫著，「英式香腸──不含亞硝酸鹽」。英式香腸是一種新鮮的香腸產品，不需要亞硝酸鹽或其他防腐劑來保存。這表示所有英式香腸都不含亞硝酸鹽，但這家肉品商店宣稱他們的英式香腸不含亞硝酸鹽，似乎暗示著大部分或所有其他的香腸都含有亞硝酸鹽（否則，何必特此一提呢？）。同樣的，Ellis 提到加州一位家禽飼養業者投下大筆廣告費用，只為了在廣告活動中告訴消費者他們不用「有害的荷爾蒙」來飼養家禽。縱使這樣的宣稱所言屬實，它也是在誤導消費者。根據 Ellis 的報導，因為法律上禁止，所以美國 20 年已沒有人使用成長荷爾蒙來飼養家禽了。但該廣告宣稱他們的肉類不含有害的荷爾蒙，似乎暗示著大部分或所有其他飼養場的肉類含有有害的荷爾蒙（否則，何必多此一提？）

透過使用定義不清楚的詞語，諸如輕淡的、天然的和有機的，我們可製造許多類似的曖昧性。例如，根據 Prevention 這本暢銷的家庭健康雜誌的主編 J.I. Rodale 的說法，任何食物只要是以天然有機物質（敘述如，動物的糞便）施肥，而不是以化學肥料施肥，而且未曾噴灑過殺蟲劑，便是有機食物（Whitney & Sizer, 1985）。然而，從科學上來說，舉凡組成

分子含有碳水化合物的食物，便是有機食物。換句話說，從
科學的觀點來看，任何食物皆是有機的。這不免使人問到：
普通蘋果的味道是否同有機蘋果一樣好？或許不會。
Buchanan 和 Agatstein(1984) 發現，當呈現某些產品（如，嬰
兒床、兒童玩具）給受試者觀看，然後告訴第一組受試者該產品
爲手工製造，但告訴第二組受試者該產品是工廠量產的，結
果所呈現的雖然是完全相同的東西，但第一組受試者對產品
的評價卻遠高於第二組受試者。「名稱實驗室」（Namelab）是
加州舊金山地方一家非常成功的「名稱發展和測試的實驗
室」，其專業是在促進消費者的品牌認同。顯然，廣告上描
述產品特性或爲產品命名所使用的字眼可能具有重要的意涵
（或是微妙的、隱含的意義），而能夠戲劇化地影響我們對產品
的評價。

5 | 學 習

　　學習 (learning) 典型地被定義為，經由練習或經驗而產生的行為相當持久的變化。另外一種探討方式是把學習定義為兩個刺激之間，或某個刺激與某個反應之間聯結 (association) 的形成或獲得。在消費者行為的背景中，這項聯結的結果是消費者對產品的行為的改變。例如，消費者可能在某種飲料與某種悅耳的音樂聲響之間建立起聯結。這項兩個刺激之間的聯結可以導致消費者在未來較可能採用該產品。另一方面，消費者可能在飲用該飲料與解渴之間形成聯結。這項某個反應與隨後的某個刺激之間的聯結可以導致消費者在未來較可能採用該產品。我們在後面的章節中將要討論的許多歷程，諸如情緒和動機，都需要依賴許多一般的學習法則。本章中，我們將檢視刺激情境的何者屬性可能影響學習。在這樣的背景中，我們是把學習視為發生在刺激情境中的事件的結果。這一章中，我們將檢視聯結學習上的兩種主要透視：古典制約學習和工具制約學習。此外，我們也將討論這兩種透視之間的異同之處。請記住，我們在本章的任務是瞭解消費者如何形成對某項產品的聯結。

一、古典制約學習

　　古典制約模式 (classical conditioning model) 是聯結學習的基本模式之一。在古典制約學習中，甲刺激（如食物）原先即可

引起個體反應（如唾液分泌），乙刺激（如鈴聲）則無法引起同樣反應（可引起聽覺反應，但沒有唾液分泌）。然而，當乙刺激與甲刺激多次配對呈現後，不久乙刺激也可單獨引發甲刺激所引起的反應（鈴聲也可單獨引起唾液分泌）。在這樣的程序中，甲刺激稱為非制約刺激（unconditioned stimulus），乙刺激稱為制約刺激（conditioned stimulus），甲刺激原來所引起的反應稱為非制約反應（unconditioned response），甲乙兩刺激配對呈現後，乙刺激取代甲刺激所引起的反應稱為制約反應（conditioned response）。因為蘇聯生理學家巴卜洛夫（Ivan Pavlov, 1927）最先正式提出並發展這個模式，所以這種學習模式有時候也被稱為巴氏制約法（Pavlov conditioning）。此外，因為這個模式主要涉及針對某些居先刺激所產生的信念，因此它有時候也被稱為反應型制約學習（respondent conditioning）。巴卜洛夫通常以狗作為實驗對象，圖 5.1 採用這個典型例子，說明這項基本的聯結歷程。

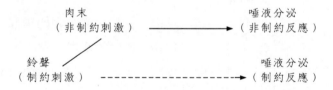

圖 5.1　以巴卜洛夫的狗作為例子，說明古典制約學習的基模

　　肉末的呈現自然地引起狗分泌唾液，如果鈴聲多次地在肉末之前立即出現，最終鈴聲也將可引發狗分泌唾液。隨著制約刺激（鈴聲）與非制約刺激（肉末）的配對次數增加，制約刺激（鈴聲）與制約反應（唾液分泌）之間的聯結將變得愈強烈。

　　有關消費者行為的教科書（如：Assael, 1981）給人的一般印象是不太重視古典制約學習，但事實上，在描述商業廣告對消費者所能發揮的影響力方面，古典制學習的模式是一個強而有力的工具（Bierley, McSweeney & Van Nieuwkerk, 1985; McSweeney & Bierley, 1984; Nord & Peter, 1980）。古典制約學習可被用來解釋消費者對產品之情緒反應的發展（見第6章），它也可被用來解釋消費者對產品之動機傾向的發展（見第7章）。Gorn（1982）的一項研究可被視為古典制約學習之一般性應用的一個實例。在這項研究中，受試者觀看不同顏色的筆（制約刺激）的幻燈圖片，在這同時他們聆聽自己所喜歡（非制約反應）的音樂（非制約刺激）。最後，受試者對於曾與悅耳音樂聯結起來的筆產生偏好（制約反應）。

㈠制約刺激的預測性

　　古典制約學習的一個重要成分是制約刺激可作為非制約刺激的一個可靠指標。根據這個預測性的觀點，制約刺激居先於非制約刺激仍不足以產生制約學習。為了制約學習的發生，制約刺激必須能夠預測非制約刺激（Rescorla, 1967, 1968）。乍看之下，「居先」與「預測」之間的區分似乎相當微妙，因此我們有必要花些時間來考慮這個重要區分。一方面，制約刺激必須居先於非制約刺激，如此才能預測非制約刺激。然而，我們可設想在某些情況中，制約刺激雖然居先於非制約刺激，但卻不必然能夠預測非制約刺激。考慮這樣的情境，制約刺激之後總是跟隨著非制約刺激，但該非制約刺激在制約刺激未出現時也以同樣的頻率發生。同樣的，再考慮這樣的情境，非制約刺激之前總是先出現制約刺激，但該制約刺激在缺乏附隨的非制約刺激的時候也以相同的頻率發

生。在這些情境中，制約刺激都居先於非制約刺激，但卻未能預測非制約刺激。因此，這些情境傾向於不產生古典制約學習 (Rescorla, 1968)。

　　為了瞭解消費者行為，McSweeney 和 Bierley (1984) 進一步闡述這個預示性觀點的某些意涵。例如，有些商業廣告經常性地呈現某種飲料產品（制約刺激），但只間歇地呈現迷人的異性（非制約刺激），這將不太可能建立起消費者的制約反應。在這類情境中，產品雖然居先於迷人的異性，但並不能預測迷人的異性。同樣的，有些產品設計了多種不同類型的廣告，其中有些廣告並不包含非制約刺激，如果消費者額外暴露於這類廣告中的飲料產品（制約刺激），這將會降低該產品作為制約刺激的預測力。接下來，這將減低消費者對該產品產生有效的制約反應的可能性。最後，當非制約刺激未能被制約刺激所預測時，那麼應該使消費者暴露於非制約刺激的次數減至最低。如果一首非常熟悉悅耳的歌曲或一個非常流行的吸引力來源被用作為非制約刺激，那麼這個非制約刺激當該產品（制約刺激）未呈現時仍將經常發生。再度地，這將會減低該產品的預測力，並因此減弱了消費者對該產品的制約反應。

㈡消弱現象

　　古典制約的聯結被消除的歷程稱為消弱現象 (extinction)。古典制約的聯結被消除是由於多次呈現制約刺激之後卻未跟著出現非制約刺激。以先前提及的預測性的觀點來說，消弱作用的完成是由於減低了制約刺激的預測力。例如，在兒童早餐食用的麥片粥（制約刺激）餐盒中，總是放有一個小型的塑膠玩具（非制約刺激），這使得小孩子總是感到高興（非制約

刺激)。最後,小孩子可能開始偏愛這個品牌的麥片粥(制約
反應)——反映了典型的古典制約學習的聯結。然而,如果
該公司不再把塑膠玩具放在麥片粥餐盒中,小孩子將持續地
面臨沒有玩具(非古典制約刺激)的麥片粥餐盒(制約刺激)。
不用多久,小孩子對該麥片粥的偏愛可能會減弱或完全消失
——代表著古典制約的聯結的消弱作用。

二、工具制約學習

聯結學習的第二個基本模式是工具制約學習的模式。在
工具制約學習中(instrumental conditioning),有機體學會從事可
以導致強化(reinforcement)的工具性反應。強化在直覺上指的
是某些愉快事件的出現,或是某些不愉快事件的排除。在技
術層面上,較適當的定義則是:強化是指某個刺激的呈現導
致居先於該刺激的行為的出現頻率增高。一個具有這種效力
的刺激便稱為強化物(reinforcer)。例如,喝了一杯飲料,感
覺味道很好,這將強化個體飲用該飲料,並將導致個體在未
來再度飲用該飲料的可能性增高。這個學習模式有時候也稱
為「操作制約學習」(operant conditioning),因為它主要涉及在
環境中操作的行為。

在一個直接應用工具制約於消費者行為的實例中,
Carey, Clicque, Leighton 和 Milton (1976) 打電話給一家零
售機構的消費者,這通電話不是在推銷東西,而是在感謝他
們曾光臨消費;就藉著這種方式傳送給消費者正強化(positive
reinforcement)。根據報告,這家零售機構的業績要比前一年的
同時期增進了 27%(更令人印象深刻的是,這家零售機構的業績從
前一年到打電話之前已下降了 25%)。

㈠強化方式

強化方式（Schedules of reinforcement）可能對工具制約聯結的獲得和保留產生重大的衝擊。例如，連續強化（ continuous reinforcement ，也就是每次正確反應後都給予強化）與非連續強化（或稱部分強化，也就是只有當有機體完成某些數量的正確反應之後，或是只有當有機體在某個時間間隔內出現正確反應之後，才提供強化物）之間就具有重大差別。許多研究都一致發現，在部分強化條件下獲得的聯結，雖然獲得的速度較爲慢些，但顯然要比在連續強化的條件下獲得的聯結更能夠抗拒消弱作用，這便稱爲部分強化效應（partial reinforcement effect）。

考慮一下下列這個說明部分強化效應的實例：假設有位消費者所使用的某種品牌的閃光燈泡總是功能正常（連續強化），這位消費者可能很快就建立起對該品牌的強烈偏好。然後，如果他有一次買到一組功能不良的閃光燈泡，他可能輕易地就轉向另外品牌。另一方面，假設有位消費者所使用的某種品牌的閃光燈泡間歇地有功能不良現象（部分強化）；但這可能是他在相當長的一段時期中能夠買到的唯一品牌。這位消費者可能不會很快就發展出對該品牌的強烈偏好，但他將較能忍受有瑕疵的閃光燈泡，因而不會那麼快就轉換品牌。部分強化效應可能與消費者對產品品質上的這些變動的反應較具密切關連。

事實上，部分強化方式存在許多不同的類型。部分強化不但經由施加強化物規律來界定（固定的或不定的），也經由施加強化物的標準來界定（時間間隔或正確反應的比率）。部分強化的不定比率方式（variable ratio schedule）特別與消費者行爲有關。在不定比率方式中，強化物是在平均每隔 n 次的適

當反應之後施加。這也就是說,以「不定比率 .33 」的時制而言,它是平均每隔 3 次的正確反應就得到強化物,有時候做了 5 次正確反應才有強化物,但平均下來,每做 3 次正確反應就可得到一次強化物。例如, Deslauriers 和 Everett (1977) 贈送小禮物(大約價值 10 分錢的紀念品)給搭乘校園巴士的乘客。有些乘客每次搭巴士都得到一份紀念品(連續強化),另有些則平均每搭 3 次巴士就得到一份紀念品(不定比率 .33 的部分強化)。實驗結果顯示,不定比率的強化方式所促成的搭乘巴士的行為與連續強化方式的乘坐率完全相同(但前者只花$\frac{1}{3}$的成本!)。同樣的不定比率的強化方式也已成功地被應用於樂透彩卷上。

(二)懲罰

懲罰直覺上是指某些不愉快事件的呈現,或是某些愉快事件的撤除。技術層面上,懲罰的較適當定義是指,某個刺激的呈現導致居先於該刺激的行為的出現頻率降低。可想而知,許多廠商可能因為消費者選用競爭廠商的品牌而試著以某種方式懲罰這些消費者。然而,大部分廠商通常還是寧願採用獎賞的方式,而較不願透過懲罰的手段來影響消費者。部分原因是,懲罰可能會引起受罰者的傷害、痛苦或不舒服。此外,消費者總是擁有自由來規避廠商任何懲罰導向的影響策略,這使得懲罰不是必然需要忍受的。最後,懲罰經常導致受罰者將懲罰者視為壓迫者和厭惡的對象(Tedeschi, Smith & Brown, 1974)。因此,在消費者行為方面,採用懲罰的策略大致上是得不償失的。

但這個原則的一個重要例外是:在某種情況下,懲罰是因為產品品質上的差異而自然引起的。如果 Throb 緩痛劑的

品質真的不合規格，服用這種產品可能實際上是在自我懲
罰。假設 Throb 緩痛劑無法止痛（或者，它實際上反而引起嚴重
頭痛。）每次當消費者服用 Throb，他將是使用該產品在懲罰
自己。 Throb 的競爭品牌將可利用這種局勢，設法在廣告中
安排一對夫妻，他們兩人都因為頭痛而躺在床上。妻子服用
Throb，而丈夫則服用競爭廠牌的緩痛劑。一小時之後，丈
夫覺得神清氣爽，但妻子依然頭痛不停。稍後當我們檢視觀
察學習（或稱替代學習）時，將會再度討論到觀看楷模（model）
接受懲罰的情形的潛在效果。

(三)消弱作用

在工具制約學習中，當個體執行了該工具性反應，但並
未得到強化，這時就發生了消弱作用（extinction）。最終，該
反應與強化物之間已建立起的聯結將會減弱或完全消失，而
該工具制約反應將回復為未制約前的出現頻率。例如，消費
者可能購買了一種新品牌的洗衣皂，然後發現包裝盒中附贈
一條毛巾或一隻玻璃杯（這種促銷手法在 1960 年代相當盛行）。
這種小的、連續的強化可能有助於維持消費者對這種新上市
的洗衣皂的偏好。然而，廠商後來中止了這項促銷活動，包
裝盒中不再放有小贈品。如果該洗衣皂的品質不足以成為酬
賞，消費者選購這種新品牌洗衣皂的反應將會逐漸消弱以至
消失。

三、聯結學習：古典制約和工具制約的整合

就如同我們有必要瞭解古典制約學習與工具制約學習之
間的區別，我們也有必要認識這兩個模式之間的許多共通點

(Miller, 1969)。有許多一般原則不但適用於古典制約學習,也適用於工具制約學習,這裡我們討論刺激類化、刺激分辨和觀察學習(或稱替代學習)。

(一)刺激類化和刺激分辨

刺激類化(stimulus generalization)是指當個體建立起某個特定刺激與某種反應之間的聯結後,與該刺激類似的其他刺激不需要經過再一次的制約學習歷程,也可引起同樣的反應。在古典制約學習中,刺激類化意謂著,除了原本的制約刺激之外,某些先前中性的刺激也可引起同樣的制約反應。在工具制約學習中,刺激類化意謂著,某種反應先前只被某個特定刺激引起,但後來也可被另外的刺激引起。如果第二個刺激非常類似於第一個刺激,那麼刺激類化的可能性將大為提高。刺激分辨(Stimulus discrimination)則是指在制約歷程中,個體學會對不同於制約刺激的其他刺激作出不同的反應。在古典制約學習中,刺激分辨意謂著,只有原本的制約刺激才可能引起制約反應。在工具制約學習中,刺激分辨意謂著,先前被某個特定刺激引起的某種反應將只針對該刺激產生反應,而不被任何其他的、類似的刺激所促發(如,Guttman & Kalish, 1956; Riley, 1968)。

刺激類化和刺激分辨的發生是作為對類似刺激之反應結果的函數。應用在消費者行為上,考慮下列的例子:有位消費者總是使用 Snuffle 牌的咳嗽滴劑,因為這個品牌的咳嗽滴劑每次都能減輕喉嚨疼痛的症狀。假設這位消費者試用新上市的 Numbo 牌咳嗽滴劑,而如果其藥效如同 Snuffle 牌咳嗽滴劑一樣快速而又有效,這時候就可能發生刺激類化,其結果是這位消費者選購 Snuffle 牌咳嗽滴劑或 Numbo 牌咳嗽滴

劑的可能性同樣高。另一方面，如果新上市的 Numbo 牌咳嗽滴劑不如 Snuffle 牌咳嗽滴劑那般有效，這時候便可能發生刺激分辨，其結果是這位消費者選購 Snuffle 牌咳嗽滴劑的可能性維持在高水平，而選購 Numbo 牌咳嗽滴劑的可能性只維持在低水平。讀者不妨透過這些例子，試著把古典制約學習的觀點和工具制約學習的觀點應用於你所觀察到的某些消費者行爲上。

有關如何應用刺激分辨和刺激類化於消費者行爲上，Bayton(1958) 曾提出某些應用原則。有些廠商可能希望在某類產品中增進刺激類化，以便讓自己的品牌因爲類似於同樣產品類別中的較成功品牌而可從中獲益。另一方面，有些廠商可能試著增進刺激分辨，以便自己的品牌因爲區隔於（有別於）同樣產品類別中的較不成功品牌而可從中獲益。此外，還有些廠商可能試著促成跨越產品類別的刺激類化。例如，如果你在某種產品類別中擁有一個成功的產品，並在另一種產品類別中擁有一個新的（或不成功的）品牌，這時你不妨設法促進兩者之間的刺激類化，這可提高消費者對成功品牌（屬於第一種產品類別）的良好反應將被類化到對新的或不成功的品牌（屬於第二種產品類別）的反應上的可能性。

需要注意的是，這個原則（有時候也稱爲線性延伸）就像是一把雙面刃，兩邊都可以砍東西。這也就是說，刺激類化可能導致消費者將他們得自現有品牌（屬於第一種產品類別）的良好反應類化到新的品牌上（屬於第二種產品類別）；然而，它也可能導致消費者將他們得自新的或不成功品牌的不良反應類化到既有的成功品牌上。Ries 和 Trout(1981) 注意到某些商業機構試著促進不同產品類別之間的刺激類化，他們的做法是在他們的各種產品上貼上公司名稱。例如，Colgate-

Palmolive 公司把公司名稱貼在 Colgate 牙膏、 Palmolive 快速刮鬍膏、 Palmolive 洗碗精和 Palmolive 香皂上。然而，另有些商業機構試著把刺激類化及可能帶來的反效果減到最低程度，他們的做法是為每種產品類別的每個品牌貼上不同的商標名稱。例如， Proctor & Gamble 公司並未在 Tide 、 Cheer 、 Bold 洗衣精、 Dawn 洗碗精或 Coast 除臭香皂上貼上公司名稱。有些大型企業，特別像是 General Electric 和 Beatrice Foods ，例證了刺激類化近期的發展趨勢，也就是刊登廣告時，公司名稱與任何個別產品占有同樣的顯著地位和大小，不但強調產品特性，也在突顯公司形像。圖 5.2 呈現了某些實例，說明了刺激類化在同一產品類別之內以及在不同產品類別之間的潛在誘導效果（同時參考後面的趣味欄）。

(二)替代或觀察學習

　　隨著 Bandura 在社會學習或觀察學習方面的研究工作，聯結學習的原則在 1960 年代產生了一項有趣的延伸（如， Bandura, 1971; Bandura & Rosenthal, 1966 ）。這項研究是在檢驗人類透過觀察他人經歷及他人行為的結果而學得該行為的能力。

　　替代性工具制約（vicarious istrumental conditioning）是指當某個人觀察到另一個人接受工具制約時，觀察者可以藉著這樣的觀察而學得該工具性制約反應。例如， Bandura 、 Ross 和 Ross(1961) 讓兒童觀察一位成人楷模踢、打，並虐待一個叫 Bobo 的大型充氣小丑。如果這位成人因為該行為而被賞以棒棒糖，那麼兒童觀察者當被提供機會時將較可能也跟著踢、打 Bobo 。如果這位成人因為該行為而被責罵，那麼兒童觀察者當被提供機會時將較不可能虐待 Bobo 。儘管觀察

圖5.2　刺激類化之潛在誘導效果的實例：在同一產品類別之
　　　　內，當地銷售的 Hillfarm 品牌的包裝類似於高知名度
　　　　的，銷售網遍佈全國的 Philadelphia 品牌的包裝；這種
　　　　手法被預期可以誘導刺激類化，導致消費者以他們應
　　　　對 Philadelphia 品牌的霜狀乳酪的相同方式來應對 Hill-
　　　　farm 品牌的霜狀乳酪。在不同產品類別之間，Kraft
　　　　之 Philadelphia 品牌的沙拉調味汁在包裝上併列了
　　　　Kraft 已成名的 Philadelphia 霜狀乳酪的標籤；這也是
　　　　期待可以誘導刺激類化，導致消費者以他們應對
　　　　Philadelphia 霜狀乳酪的相同方式來應對 Philadelphia
　　　　沙拉調味汁。

趣味欄

　　當芝加哥的 *Robert Corr* 在 *1978* 年開始生產天然風味的蘇打水時，他決定以他的家族姓氏 *Corr* 作為品牌名稱。這主要是 *Corr* 在 *Windy* 城市是一個大家熟知的政治世家，他的叔公在 *1930* 年代曾擔任芝加哥市的市長，並也是 *Corr Flashes* 這個美式足球隊的創辦人。但是把 *Corr's* 這個商標貼在裝有蘇打水的各式瓶罐上，他等於開啟了與另一個著名品牌 *Coors* 之間的戰端。

　　科羅拉多州的啤酒製造商 *Golden* 最初並不在意該蘇打水品牌在讀音上非常類似自己的品牌，但是自從去年以來，*Corr's* 的產品開始出現在全國 *50* 州的雜貨店中之後，情況就改觀了。啤酒公司向丹佛市的聯邦法院遞出訴狀，要求 *Corr's* 品牌換個名稱。*Coors* 聲稱，這家小型蘇打水製造廠試圖利用他們啤酒的識別標誌。他們引用的證據是，*Corr's* 的一句廣告口號：「取自落磯山脈純淨的泉水」，幾乎完全抄襲自啤酒公司眾所皆知的廣告標語。

　　當雙造上個星期在法庭碰面後，*Sherman Finesilver* 法官諭令他們私

下和解。但是這場談判已演變成像是為了家族的名譽而戰。*Corr* 表示：「這是基本原則的問題，我已準備好打這場戰」。

（時代雜誌，1984, February 6, p. 51. Copyright© 1984 Time Inc., 本文經同意轉載）

者未曾親自體驗（經歷）該情境中的獎賞或懲罰，但依然學得了該工具性制約反應（比較 Liebert, Sprafkin & Davidson, 1982）。需要注意的是，這種觀點假定許多商業廣告之所以發揮效用是因爲它們提供了消費者有關如何取得獎賞的有用訊息。這些訊息被認爲導致消費者愼重地（意識層面上）決定選擇該產品以便取得那些獎賞。

另外一種類型的替代性制約作用則是以消費者較不察覺的方式影響消費者的行爲。替代性古典制約（Vicarious classical conditioning）是指當某個人觀察到另一個人接受古典制約時，觀察者可以藉著這樣的觀察而學得該古典制約反應。例如，Bernal 和 Berger(1976) 把一位受試者接受古典制約而學會對聲號產生眨眼反應的情形拍攝成錄影帶。這個制約學習的程序是單純地在非制約刺激（噴氣到受試者的眼睛中──這自然地引起受試者的眨眼反應）之前立即呈現制約刺激（聽覺上的某個聲號）。最終，該聲號單獨呈現也可以引起受試者的眨眼反應。當另外的受試者觀看（及傾聽）這捲錄影帶，最後也針對該聲號而產生眨眼反應時，這便是發生了替代性古典制約學習。儘管觀察者從未曾體驗過該情境中的非制約刺激（亦即他們的眼睛未曾接受過噴氣），但他們依然學得了該古典制約反應（同時比較 Bandura & Rosenthal, 1966; Berger, 1962; Craig & Weinstein, 1965; Vaughn & Lanzetta, 1980; Venn & Short, 1973 ）。第

6 章中，當我們討論消費者如何學得對產品的情緒反應時，我們將會再度提到這種替代性古典制約學習。

　　因此，一般而言，替代性工具制約學習和替代性古典制約學習的運作機制是：透過觀看他人在某項產品上的經驗，這將會影響我們自己後繼對該產品的反應。 1971 年 11 月，Bandura 出席聯邦貿易委員會舉辦的聽證會，概要說明上述原理類化到消費者行為上的意涵：

> 一般而言，看到他人獲得獎賞，這將增加模仿該行為的可能性；看到他人受到懲罰，這將減低模仿該行為的可能性。這個原理被廣泛應用在各種廣告訴求上。在正面訴求上，你只要遵循廣告所建議的行動，就可導致一大堆獎賞性的結果。採用某種品牌的香煙或洗髮乳，你就可贏得性感美女的愛慕、增進工作表現、富有男性氣概、撫平緊繃的神經、獲得陌生人的社交認同、並激發夫妻之間的恩愛。 (pp. 21-22)

四、其他內在歷程對學習的影響

　　在各種聯結學習機制的成與敗方面，知覺可能扮演關鍵的角色。例如，消費者首先必須察覺到制約刺激，如此才能針對該制約刺激而建立起古典制約反應。此外，刺激類化和刺激分辨也涉及對新刺激的察覺，並在知覺上處理該新刺激，以便判定它等同於原先刺激（類化）或有異於原先刺激（分辨）。

　　認知對聯結學習的影響可能較為輕微。在古典制約學習

方面，大部分被用來例證古典制約作用的反應典型地是不自主的、臟腑的、反射性的反應。工具制約作用大致上是應用於較為外顯的、操作類型的行為，這些行為是可以認知上控制的。然而，工具制約所涉及的行為也有不少典型地被視為是不自主的，諸如心率、血壓和膚溫 (Blanchard & Young, 1973; Shapiro & Schwartz, 1972)。因此，這些聯結學習機制在運作方式上似乎隔離於認知歷程的影響。

情緒看來確實在古典制約學習上發揮某些影響力。研究顯示，當個體處於高度情緒激發狀態下，古典制約反應較易學得，消弱也較慢（如，Doerfler & Kramer, 1959; Spence, 1964）。這種效應也已在替代性古典制約學習中獲得證實 (Bandura & Rosenthal, 1966)。因此，情緒興奮的消費者可能較能感應情緒反應的古典制約作用（參考第 6 章），也較能感應衍生性動機 (Secondary motives) 的古典制約作用（參考第 7 章）。

這裡的重要意涵是，經常性地重複某個情緒導向的廣告，可以增進消費者獲得情緒反應，其原因在於：(A) 制約刺激（產品）與非制約刺激（激發情緒的物體或事件）之間重複聯結；(B) 來自先前接觸該廣告可能還存留的情緒興奮，這種情緒興奮可以產生促進作用。

許多實驗室研究試著探討動機對學習的影響，但所得結果並不一致。有些研究顯示，制約學習期間高度的動機可以導致較強烈的、較為抗拒消弱作用的聯結 (Barry, 1958; Deese & Carpenter, 1951)。另有些研究則指出，動機對制約聯結的強度或持續性沒有影響 (Hillman, Hunter & Kimble, 1953; Kendler, 1945)。到目前為止，我們還未清楚瞭解動機與學習之間的關係 (Hulse, Deese & Egeth, 1975)。根據這些不確定的研究結果，有關動機如何影響消費者獲得制約聯結方面，我們還無

從導出任何有信心的結論。

五、結論：「價格打折扣」還是「感覺打折扣」

　　爲了降低每星期在日常用品上的開銷，收集折價卷（優待卷）已成爲一種愈來愈流行的方式。1974 年，65% 的美國家庭使用折價卷（「新觀點」雜誌，1976）。到了 1980 年，這個數字是 75%(Aycrigg, 1981)。在 1982 年，折價卷的總發行金額據估計達到 1,195 億美金（「美食」雜誌，1983）。透過可以抵減的優待卷所提供的較低價位，可被認爲是在施予消費者小惠，藉以回報他們選購該品牌。當從這種角度來考慮時，根據工具制約作用，折價卷被預期可以增加消費者選購折價品牌的可能性。然而，情況並不總是如此。

　　折價卷已被證實可以誘導消費者轉向可以抵價的品牌（如，Cotton & Babb, 1978; Dodson, Tybout & Sternthal, 1978; Massy & Frank, 1965; Shoemaker & Shoaf, 1977）。這項基本發現與工具制約的觀點維持一致。然而，撤消折價卷的效應並未與嚴格的工具制約的觀點維持一致。如果透過折價卷所提供的較低售價是對消費者選購該品牌的一項獎賞，那麼就定義上而言，撤消折價卷將會產生消弱現象。這也就是說，撤消折價卷應該使得消費者選購該品牌的頻率回復到折價卷介入之前的原有水準。但情況通常並非如此。撤消折價卷所導致的消費者選購該品牌（先前有折價的）的頻率甚至還要低於折價卷引入之前的原有水準（Dodson, Tybout & Sternthal, 1978; Doob, Carlsmith, Freedman, Landauer & Soleng, 1969; Scott, 1976）。這類「背叛」行爲主要是發生在兩種消費者身上，一種是先前因爲折價卷才轉向該品牌的消費者，另一種是在折價卷引

入之前相當忠實於該品牌的消費者。

這種現象可能類似「過度辯護」（Oversufficient justification）的效應（Deci, 1971）。這是指某些外在獎賞的引入和撤除減弱了個體去執行某個行為的動機。根據第 4 章中所描述的歸因原則的觀點，對消費者選購某種品牌的行為施與折價卷可說已為「折扣原則」的運作布置好了舞台。當消費者選購某種折價的品牌，他的這個行為有兩個似乎合理的原因：產品的內在價值，以及折價卷所提供的較低售價。因此，消費者可能會對產品的內在價值打些折扣，不認為那是他選購該品牌的唯一原因。當折價卷被撤消後，他選購該品牌的合理原因也跟著去了一半。因此，消費者這時候容易「變節」，並轉向另外的品牌。這種情形對於餐飲業特別是一個麻煩問題，因為它們的優待卷的折扣值可能達到 1 塊、2 塊、或 3 塊美金；相較之下，食品雜貨業的折價卷平均只值 22 分美金（Haugh, 1983）。

這裡所討論的一個意涵是，製造商應該利用折價卷來誘導消費者試用他們的品牌。然後，製造商應該繼續提供折價卷，以便預先排除這種種植基於過度合理化的「變節」行為。雖然這樣的建議看來像是不切實際或成本太高，但它在某些產品類別上確實是一種相當常用的策略。在諸如麥片粥、咖啡和香皂這類商品上，廠商可以不間斷地把折價卷放在包裝之內或包裝之上，以便維持折價卷的無限期供應。製造商若未能顧及消費者對折價卷的這種微妙態度，最好還是不要提供折價卷，否則長期下來不但未能發揮作用，甚至可能造成反效果。

6 | 情　緒

　　情緒可被定義爲某種興奮（激發）狀態，涉及意識的體驗和臟腑的（或生理的）變化。在消費者行爲的背景中，情緒之內在歷程的結果是對產品的感情。例如，當聽到別人不斷推薦新上市的 Kona 牌即溶咖啡，並自己也飲用一段時期之後，你可能開始覺得 Kona 咖啡眞的不錯。本章中，我們試著確認消費者如何發展出對產品的這些感情。

　　情緒的研究在心理學上已有很長的歷史。各種情緒理論曾將情緒體驗視爲是：個體對特定型態的臟腑變化的解釋（James, 1890）；源於視丘的變化，所導致生理功能和大腦活動的一致變化（Cannon, 1929）；個體對一般性生理興奮狀態和情境線索的認知解釋（Schachter & Singer, 1962）。本章稍後，我們將檢視對情緒體驗之較近期的理論透視，並考慮在消費者行爲上的意涵。然而，我們將首先審視情緒反應的某些測量方法。然後，我們將考慮消費者對某項產品發展出感情的各種決定因素。在本章的結論中，我們將討論某些道德問題，這是考慮消費者行爲中的情緒因素時所獨有的。最後請記住，我們在本章的任務是瞭解消費者如何發展出對某項產品的感情。

一、感情的測量

　　再度地，在我們開始探討某個內在歷程之前，我們首先

應該考慮如何從測量程序的角度來界定該歷程，我們相信這
將有助於讀者釐清關於該歷程的概念。感情的測量主要分爲
兩個類別：自我報告的測量以及生理測量。情緒的自我報告
測量所注重的是情緒的意識體驗，其方法是單純地要求人們
描述他們對某個刺激的情緒反應。例如，研究者可能要求母
親們在一個從 1 到 10 的量表上評定 Dydie 紙尿褲（ 1 =「我覺
得 Dydie 紙尿褲很糟糕」，而 10 =「我覺得 Dydie 紙尿褲很棒」）。
另外一種自我報告的方法涉及「形容詞檢核表」（adjective
checklist）。例如，研究者呈現一張列有衆多形容詞的表格，
要求母親們在足以描述她們對 Dydie 紙尿褲之感覺的每個形
容詞下方作個標記。然後從檢定出的正面形容詞（例如，「節
儉的」、「安全的」、「自由的」、「愉快的」）的總數中減去負
面形容詞（例如，「可怕的」、「有缺失的」）的總數，就可得
到一個整體的「正面感覺」分數（例如， 4-2=2 ）。

　　這些類別的自我報告測量看來非常類似於我們在第 3 章
所描述的有關態度和信念的自我報告測量。這顯然與我們通
常把態度視爲由認知成份和情感成份所組成的觀點維持一致
（比較 Allport, 1935; Cartwright, 1949; Rosenberg & Hovland, 196
0 ）。這些自我報告的測量是建立在兩個假設上：「它不但
假設人們可以準確地自我報告，也假設人們將會誠實地自我
報告。顯然，這兩個假設未必總是能夠成立。有些時候，人
們可能無法準確描述他們對某些事物的反應（Nisbett & Wilson,
1977）。同樣的，人們可能感受到的是某種情緒反應，但報
告的卻是另一種不同的情緒，他們這麼做可能是試圖使自己
不致於太難看（Baumeister, 1982; Tedeschi, Schlenker & Bonoma,
1971）。

　　情緒的生理測量所注重的是情緒之臟腑的、覺醒的成

份。這種測量方法不是建立在自我報告之準確性和誠實性的假設上。反而,生理測量試著去計量情緒反應之非言語的、不受控制的層面。我們先前已討論過情緒之生理測量的一個實例: Hess(1965) 的瞳孔反應。如第 2 章中所指出的,有些研究者已利用瞳孔反應作為知覺處理的指標 (Halpern, 1967; Hess, 1965; Hess & Polt, 1960)。然而,有些研究者以瞳孔擴大作為正面情感 (或愉快) 的指標,並以瞳孔收縮作為負面情感 (或不愉快) 的指標 (Hess, 1972)。較近期,有些研究者已把瞳孔大小的任何變化 (擴大或收縮) 視為情緒反應強度變化的指數,但認為無關於該情緒反應的品質或方向。例如, Janisse(1973, 1974) 的研究結果顯示,瞳孔擴大可以針對客觀上的愉快刺激 (例如,一張迷人異性的照片) 而產生,也可以針對客觀上的不愉快刺激 (例如,一張恐怖的車禍現場的照片) 而產生。

另一種情緒的生理測量則試著根據我們手臂和手指表面的汗液分泌程度來計量我們在覺醒 (arousal) 方面的變化。膚電反應 (Galvanic Skin Response,簡稱 GSR) 是指皮膚表面的電阻變化情形。如果你的生理處於適度的激發狀態,你的手掌和手指皮膚的皮脂腺將會分泌汗液,相較於乾燥的皮膚,這種含鹽的汗液是一種良好的電導體。因此,當你流汗時,一種輕微而無法察覺的電荷較易於在你皮膚的表面上流動。 GSR 的增強意謂著導電性的增強,因而被視為是情緒興奮的一種生理表徵 (Stern, Farr & Ray, 1975)。例如, Eckstrand 和 Gilliland(1948) 發現,在所呈現的多個薄煎餅麵粉廣告中,引起受試者最大 GSR (因此被假定引起最強的情緒反應) 的廣告中的品牌,後來果然具有最高的銷售量。

我們先前提過,自我報告的測量是建立在兩個假設上

（自我報告的準確性和誠實性），但情緒之生理測量恰好不受這兩個假設的限制。生理測量不需要假定自我報告的準確性，也不需要假定自我報告的誠實性。個體強烈的、眞正的情緒反應必然會引起瞳孔擴大以及 GSR 的增強。一般認爲，個體無法抑制這些生理反應的發生；當缺乏眞正的情緒反應時，個體也無法僞裝出這些反應。

然而，這種測量也有兩個獨有的缺點。首先，這些生理反應可能受到情緒體驗之外的事物的影響；或是除了情緒體驗之外，其他事物也可能引起同樣的生理反應。例如，瞳孔擴大可以是由於明亮度減弱所引起，也可以是由於接觸到愉快刺激所引起。同樣的 GSR 的增強可以是由於喝了一杯濃烈的咖啡所引起，也可以是由於接觸到愉快刺激所引起。因此，我們務必謹愼，以便確定生理測量的變化是出於潛在情緒刺激的結果，而不是出於某些不相關的環境因素。

情緒之生理測量的第二個缺點是缺乏特異性。像 GSR 和瞳孔反應這種測量至多只能指出個體從無情緒反應轉變爲具有某些（正面的或負面的）情緒反應。然而，這些測量無法分辨出正面情緒反應與負面情緒反應（例如，愉快 VS 哀傷），更不用談作更細微的區分（例如，愉快 VS 性興奮）。有些研究者（如，Lazarus, Cohen, Folkman, Kanner & Schaefer, 1980）正試著確認某些獨特型態的激素活動，這些激素活動可能與特定的情緒體驗有關。不論如何，到目前爲止，情緒之生理測量最好還是配合使用自我報告的測量。這顯然符合我們一開始根據意識體驗和生理變化兩者對情緒所下的定義。

二、消費者對產品產生情緒反應的各種決定因素

㈠重複

　　重複是對產品產生情緒反應的決定因素之一。純粹暴露效應（mere exposure effect）是指重複呈現可以導致該重複刺激獲得人們的較好評價。第 4 章中，我們已討論過這種純粹暴露效應的某些概念問題。然而，重複除了可能影響認知評價之外，它也可能增強人們對重複刺激的情緒反應。

　　有關純粹暴露效應在情緒方面的作用， Wilson(1979) 的研究提出了一項令人感興趣的延伸。他在研究中利用雙耳分聽（dichotic listening）的作業，也就是透過耳機在受試者的兩隻耳朵同時呈現不同的聲音。在 Wilson 的研究中，受試者的一隻耳朵聽到的是許多反覆呈現的曲調，每個曲調由 6 個音階組成；另一隻耳朵聽到的是 DuMaurier 所寫的《 The Birds 》一書中的一個段落。主試者告訴受試者只把注意力集中於該段落的內容，同時不要理會任何無關本題的聲音。稍後，主試者播放許多曲調給受試者聽，有些曲調先前雙耳分聽的作業中曾播放過，另有些則是新的曲調。研究結果顯示，這些受試者雖然未能再認何者曲調先前曾在雙耳分聽的作業中播放過。然而，當要求他們評定個人對這些曲調的喜好時，他們的確評定這些先前重複過的曲調較為悅耳。 Wilson 的研究結果說明了，個體對先前接觸過的項目或事件的正面感情可能不是依賴個體對該項目或事件的再認（記憶）或信念（認知）。 Zajonc(1980) 和 Obermiller(1985) 曾審查過許多這類的研究，其結果大致支持上述的觀點。因此，重複呈現 Flurple 清涼飲料的標語可以導致消費者對 Flurple 飲料產生好感，這有別於對 Flurple 之品質的任何認知評價，也有別於對有關 Flurple 清涼飲料之訊息的任何記憶。

㈡古典制約作用

　　過去經驗是消費者對產品產生情緒反應的另一個決定因素，我們可以根據古典制約學習的模式來有效說明這種影響力的特徵。這個聯結學習的模式（第 5 章已討論過）描述一個先前中性的制約刺激如透過與非制約刺激（先天就可引起某個非制約反應）的重複配對呈現之後，最終它的單獨呈現也可引起同樣的制約反應。

　　隨著消費者日復一日地暴露於產品的標語和標識，再加上實際接觸到該產品，古典制約學習也在持續發生。例如，假設你喜歡 Biggy 漢堡，對你而言可說是一個非制約刺激，它很自然地引起你正面情感（或愉快）的非制約反應。但你可能注意到，Biggy 漢堡的商標（一對橘紅色的吸管）總是在 Biggy 漢堡之前出現，或在你享用漢堡的時候出現（在玻璃大門上，海報上、包裝盒上、或紙餐巾上）。因此，Biggy 漢堡的商標可作爲制約刺激，預示 Biggy 漢堡即將出現。最終，Biggy 漢堡的商標也可自行引起你的正面情感反應，使得你每次開車看到大看板上的橘紅色吸管時，你的心中都會升起一股暖流（參考圖 6.1）。古典制約學習的這項應用例證了情緒反應的可能制約性（如，May, 1948; Miller, 1948, 1951; Watson & Raynor, 1920）。

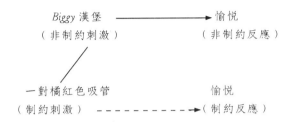

圖 6.1 這個圖解說明了消費者對產品商（Biggy 漢堡成雙的橘
　　　　紅色吸管）產生正面情緒反應的古典制約歷程

　　需要注意的是，如同我們在第 5 章中提過的，這個古典
制約歷程中可能發生刺激分辨和刺激類化。因此，透過刺激
類化，你可能對看到的任何吸管都會產生正面情緒反應。另
一方面，透過刺激分辨，你可能只對新開張的 Biggy 漢堡店
（其外頭大看板上的吸管尚未從橘紅色褪為黃色）才會產生正面情
緒反應。

　　關於情緒反應的古典制約作用，現代的媒體可說提供了
一個強而有力的產生背景，特別是透過電視的商業廣告。有
些研究學者（如，Gnepp, 1979; Goldsen, 1978 ）曾描述了電視
廣告如何引起古典制約的情緒反應。例如，Goldsen(1978)
描述 Mercury Cougar 汽車（制約刺激）與凱瑟琳・丹尼芙
（一位著名的電影明星，夙有「法國第一美女」之譽，在此作為非制
約刺激）之間的重複聯結最終如何導致觀眾只要看到該產品就
可產生正面情感反應（原先是非制約反應，最終是制約反應）。

　　這類制約歷程正是大量商業廣告的精髓所在（參考圖 6.2）。
例如，可口可樂公司的傳播研發部經理最近透露，可口可樂
這 3 年以來的廣告（"CoCa-Cola turns ..." , 1984）已證實成功
地建立起消費者之古典制約的情緒反應。從電視廣告典型地
傳達的訊息數量的角度來看，消費者對產品產生情緒反應的

古典制約作用有其不可抹滅的重要性。回顧在第 4 章中提過的，只有相當低比例的電視廣告所包含的訊息內容多於一種以上。因此，我們應該不覺得訝異，這些商業廣告（光 1980 這一年中，這些廣告支付給電視網的總費用是美金 5,147,328,600 元〔Leading National Advertisers, 1980〕）通常所訴諸的是認知說服之外的其他訴求。

有關促成消費者的情緒反應方面，古典制約作用有兩個額外的、較複雜的應用方式。以下我們以 Reed 和 Coalson (1977) 所描述的關於「 Final Touch 」這個品牌的衣物柔軟精的電視廣告來說明這些應用方式：

> 在這個經常播放的廣告中，一位家庭主婦使用該產品的畫面與她丈夫的感情流露和大力贊揚的畫面被聯結起來。在最後一個畫面這位丈夫擁抱他的妻子之前，他以溫柔的口吻對他們的兒子感歎著：「比利，你媽媽真的與眾不同！」......當選購這些洗衣用品時，因為該廣告所引起的「感情洋溢」，這些消費者很可能一看到「 Final Touch 」擺在架上，就被引誘去購買它，而略過其他不是那麼昂貴的品牌。(p. 745)

就如同先前在有關凱瑟琳·丹尼芙與 Mercury Cougar 汽車的案例上所描述的那般， Reed 和 Coalson 也是從古典制約之簡易應用的角度來解釋上述的電視廣告。然而，這類廣告要比這種較簡易的應用來得複雜些，並似乎依據兩個較爲精巧的歷程來運作：替代性情緒反應的古典制約作用，以及情緒反應的替代性古典制約作用。以下我們以「 Final Touch 」這個廣告分別說明這兩種作用的機制。

圖6.2 涉及情緒制約作用的一個廣告實例

替代性情緒反應的古典制約是一般性古典制約模式的一
個特殊案例。當同樣身爲家庭主婦的消費者看了這個 60 秒戲
劇後，這種恩愛家庭的畫面製造了一種替代性的情緒反應。
這也就是說，同樣是家庭主婦的消費者因爲該廣告中的家庭
成員覺得快樂而自己也感到快樂。當然，這樣的快樂可能沒
有丈夫也是那般深情款款的家庭主婦所感到的快樂來得強
烈。然而，同樣是家庭主婦的消費者可以替代性地體驗到快
樂——情緒透過該廣告中的家庭主婦這個角色所獲得的快
樂。圖 6.3 說明了這類的制約作用。

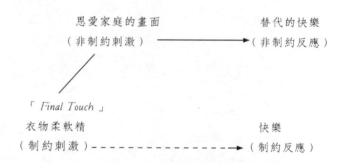

圖 6.3　以「Final Touch」的電視廣告作爲例子，說明替
　　　　代性情緒反應的古典制約作用。

情緒反應的替代性古典制約作用是解釋這個「Final
Touch」電視廣告的另一種方式。我們先前在第 5 章曾討論
過替代性古典制約學習，它指出透過觀察他人接受古典制
約，也足以使觀察者替代性地獲得該古典制約反應。從這個
觀點來看，觀看到廣告中家庭主婦這個角色的家庭主婦消費
者也將受到古典制約而對該產品產生正面的情緒反應。在某
種意義上，家庭主婦消費者把廣告中的家庭主婦這個角色看

成是古典制約實驗中的一位受試者。例如,廣告中的家庭主婦這個角色使用該產品（制約刺激）之後總是不變地跟隨著「她的丈夫的感情流露和大力贊揚」（非制約刺激）,因此這自然地引起家庭主婦這個角色的愉快感受（最初是非制約反應,最終是制約反應）。

我們都瞭解家庭主婦這角色只是一位拿報酬的女演員,而該情境也只是杜撰出來的。然而,如果這個廣告所描述的程序真的如同該廣告的播出次數那麼頻於發生的話,那麼這樣的程序將會使家庭主婦這個角色受到古典制約作用而對「Final Touch」衣物柔軟精產生正面的情感。隨著家庭主婦這個角色受到古典制約而對「Final Touch」產生好感,同樣是家庭主婦的消費者也可能開始對「Final Touch」產生好感。圖 6.4 說明了這樣的制約歷程。

我們有必要認識,古典制約的這三種變異形式在實施上可以是互補的,它們可同時對消費者發揮效用。當消費者重複觀看某個特定的商業廣告時,情緒反應古典制約作用、替代性情緒反應的古典制約作用、以及情緒反應的替代性古典制約作用可以同時地進行運作。此外,替代性工具制約作用或 Bandura 的社會學習的機制（第 5 章討論過）也可能在這類的商業廣告中運作。然而,有關重複暴露於這類的商業廣告所產生的結果,古典制約的觀點和社會學習的觀點分持不同的看法。社會學習的觀點主張,消費者觀看該「Final Touch」廣告之後將會外出購買 Final Touch,以便得到 Final Touch 提供給家庭主婦這個角色的強化。另一方面,情緒反應的古典制約作用所訴諸的是一種較微妙、較不是理性方面的影響力。這也就是說,當消費者重複觀看過「Final Touch」廣告後,他可能不被預期將會模仿家庭主婦那個角色而外出購

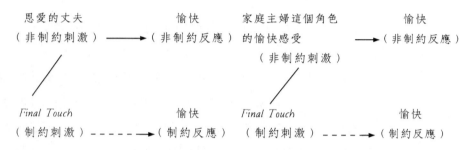

家庭主婦這個角色在   同樣是家庭主婦的消費者
廣告中的制約作用   觀看該廣告的制約作用

恩愛的丈夫   愉快   家庭主婦這個角色   愉快
（非制約刺激）─────▶（非制約反應） 的愉快感受   ─────▶（非制約反應）
                            （非制約刺激）

Final Touch   愉快   *Final Touch*   愉快
（制約刺激）─ ─ ─ ─ ▶（制約反應） （制約刺激）─ ─ ─ ─ ▶（制約反應）

圖 6.4　以 Final Touch 的電視廣告作為例子，說明情緒反
　　　　應的替代性古典制約作用。

買該產品；但是當他在超市的架上看到 Final Touch 時，他
可能受到引導而對該產品產生愉快感受。

在本章結束時，我們將會再度談到這種微妙影響力的一
個重要意涵。不論如何，這裡的要旨是：聯結學習的古典制
約模式提供了一個有力的工具，可供我們描述和解釋消費者
行為的某些重要層面。這個陳述顯然與許多較為認知取向的
研究學者所主張的觀點背道而馳。我們在第 3 章和第 4 章中
已評論過許多這種認知取向的研究和理論。例如，考慮
Assael(1981) 的下列陳述：

　　因為需要制約刺激與制約反應之間的連結，古典制約
　　的原則在實用性方面相當有限。這樣的連結需要自動
　　化的反應行為。因此，根據古典制約的論調，萬寶路
　　(Marlboro) 的牛仔將引起吸菸者在不經認知歷程的情況
　　下點燃香菸。但這樣的自動化反應不太可能發生（雖然

並非絕不可能），因為廣告這種傳播工具並不具有那麼
強大的力量，足以製造出巴卜洛夫所建立的聯結強
度。(p. 59)

這種觀點傾向於把古典制約視為一種有趣的，但僅限於
實驗室而缺乏實用性的現象。這樣的看法要不是出於對古典
制約之微妙性的無知，要不就是缺乏把商業廣告視為一種刺
激情境的想像力，或是兩者皆是。古典制約的論點並非說萬
寶路牛仔將會引起吸菸者在不經認知歷程的情況下點燃香
菸。反而，它只是假設萬寶路牛仔或 Final Touch 的家庭主
婦角色可以使得消費者對該產品產生好感。稍後，我們將會
根據古典制約的原則來說明萬寶路牛仔或 Final Touch 的家
庭主婦角色如何能夠使得消費者冀求該產品（第 7 章）。消費
者 心 理 學 家 （ 如 ， Bierley, McSweeney & Vannieuwkerk, 1985;
McSweeney &Bierley, 1984; Nord & Peter, 1980 ） 正開始把他們的
研究重心導向如何應用古典制約原理於消費者行為上。

(三)幽默

幽默 (humor) 是消費者對產品產生情緒反應的另一個決定
因素。第 4 章中，我們曾提過幽默可以增進說服性訴求的有
效性，如果幽默可使消費者的注意力轉移開對立的議論
(Osterhouse & Brock, 1970)。然而，幽默也可能影響消費者對
產品的情緒反應。根據古典制約的原理，笑話，雙關語這類
刺激（非制約刺激）可以引起個體的正面情感反應（非制約反應）
，如果我們在笑話、雙關語之前即時地重複呈現某個產品
（制約刺激），這最終可以導致該產品也能引起消費者的正面
情感反應（制約反應）。例如，考慮典型的傷風藥的廣告：該

產品（制約刺激）與某些有關感染傷風的笑話（非制約刺激）同時呈現，這自然地引起觀衆的發笑反應（非制約反應）。最終，產品的單獨呈現也可以自行引起觀衆的正面情感反應（制約反應）。

　　然而，如同 Sternthal 和 Craig（1973）所指出的，透過這種方法引起消費者對產品的正面情感反應有其先天的障礙之處。例如，幽默可能不是放諸四海皆準的；這也就是說，在某些文化地區被認爲有趣的事，在另外的地區可能並不好笑。此外，建立起古典制約反應所必要的重複曝露可能會沖淡原本應該有趣的笑話、雙關語或插科打諢之類的幽默性。當一個笑話聽過一百次之後，它通常就不再好笑了（然而，偏偏這種重複暴露是建立起古典制約反應所不可或缺的）。最後，因爲古典制約作用而產生的正面情感反應在性質上可能不是其他類型的情緒制約作用所建立的那種「暖流」（warm glow）。當呈現產品畫面的制約刺激時，消費者可能感受到自己像是一個「快樂的傻子」。在極端的情況中當有位消費者走經超市藥品區的走廊，看到去年曾以非常有趣的廣告活動大力宣傳過的傷風藥時，他都會吃吃地傻笑起來。這種古典制約的傻笑可能無助於消費者把該產品視爲一種正經的、有效的藥物。不論如何，幽默被應用在廣告中已有長久的歷史，並將會被繼續應用下去。圖 6.5 呈現了在廣告中應用幽默的一個實例。

㈣恐懼訴求

　　恐懼訴求（fear appeals）是消費者之情緒反應的另一個決定因素，這方面已受到大量研究。一般而言，恐懼訴求是試著引起消費者的負面情緒反應（例如，恐懼、焦慮、罪惡感），

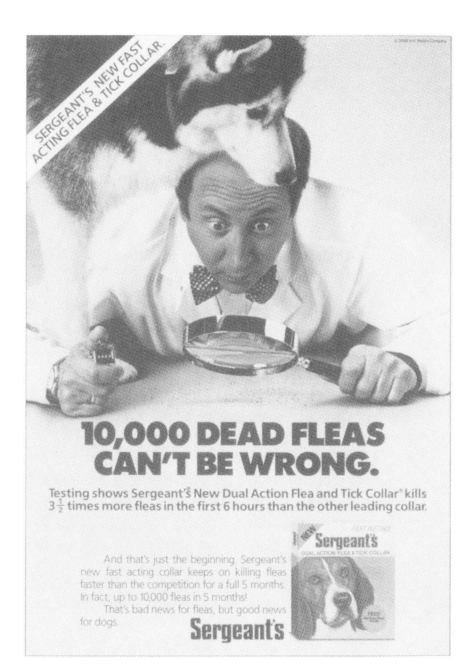

圖 6.5　在廣告中應用幽默感的一個實例

其方式是告訴消費者若不使用所介紹的產品、服務或觀念，就將會造成嚴重的不良後果；若是使用該產品、服務或觀念，便可排除那些不良後果（如，Harris & Jellison, 1971; Leventhal,1970; Sternthal & Craig, 1974 ）。圖 6.6 呈現了一個恐懼訴求的例子。

近期的研究指出，有效的恐懼訴求首先是引發消費者的恐懼情緒，接著就必須提出一清楚的、有效的推薦，這個推薦提供了消費者如何避免該不良後果並減除該負面情緒反應的有效方法。這表示，如果把產品描繪成可以有效地減除該負面情緒反應，那麼消費者將會對該產品產生好感，並或許較為可能使用該產品。

舉例而言， Rogers 和 Mewborn(1976) 檢驗了不同恫嚇程度之訴求的效果、威脅性事件發生的或然率，以及所推薦的預防行為的有效性。他們發現到，當預防行為真的奏效時，提高訴求的恫嚇性、並提高威脅性事件的發生機率將可增強該訴求的效果。然而，當預防行為未能奏效時，提高該訴求的恫嚇性，並提高該威脅性事件的發生機率將不太具有效果，或甚至在某些案例上已毀損了恐懼訴求的效果。例如，考慮如何透過恐懼訴求來使駕駛人多多利用安全帶。如果告訴駕駛人，繫上安全帶可使 90% 重大車禍事件的受害者免於生命危險，然後設計某些相當具有恫嚇性的廣告（諸如車禍現場）並指出重大車禍事件相當頻於發生，那麼這將很可能導致駕駛人開始使用安全帶。另一方面，如果告訴駕駛人，繫上安全帶只能使 10% 重大車禍事件的受害者免於生命危險，然後設計某些較具恫嚇性的廣告並描述重大車禍事件相當尋常，這將對駕駛人使用安全帶沒有太大效果（或甚至可能降低安全帶的使用）。

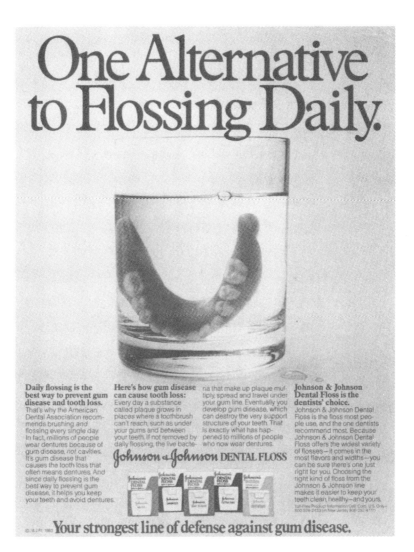

圖 6.6　在廣告中應用恐懼訴求的一個例子。請注意該推薦中的
條款，以及如何把該產品整合進這些建議中。

　　因此，除非有清楚的、有效的建議伴隨著引發恐懼的信息，否則恐懼訴求可能難以奏效。從這個觀點來看，我們最常見的恐懼訴求——美國公共衛生局印在所有香菸產品和香菸廣告上的警告標語——可能實際上是一種相當無效的訴求。許多專家認爲，這種警告標語不夠駭人，或所占面積不夠大（參考 Revett, 1975; Sulzberger, 1981），因而難以致效。此外，我們也應該知道，這個恐懼訴求本質上只是單純地灌輸給消費者負面的情緒反應；它並未附有訊息或建議，以供消費者可用來減除該負面情緒反應。或許是因爲這個原因，有些研究學者（如，Hyland & Birrell, 1979）認爲政府所規定的警告標語可能具有「反向效應」；這也就是說，香菸盒上有害健康的警告標語可能導致被警告的行爲的增多，而不是減少。然而，如果在公共衛生局的警告標語旁附上一個簡易的訊息——附上一個「800」開頭的免費電話號碼，作爲癮君子們的熱線電話——這或許就可大爲改進這個恐懼訴求的效果。這個熱線電話可提供機會讓癮君子與戒煙成功的人們交談，藉以分享後者的經驗；它也可替該地區的治療機構宣傳有關戒菸活動的消息，諸如此類。公共衛生局的警告標語可說立意良好，並在某種程度上也有其效果。儘管如此，你不妨再試著想一下，如何設計這個特定的恐懼訴求可使它發揮最理想的效果（同時參考下頁的趣味欄）。

三、其他內在歷程對情緒的影響

　　考慮一下其他內在歷程對情緒的潛在影響。類似於知覺對其他內在歷程的影響，知覺也可對情緒發揮某些影響力。然而，這種影響的有效範圍通常不明確。回想先前所提的

Wilson(1979) 的研究，其受試者對各種曲調的情緒反應顯然是作爲先前曝露情形的函數，即使受試者無法辨認何者曲調先前曾播放過。當然，意識可以影響感情，但意識顯然不是感情的必要條件。

如同本章開頭所指出的，認知似乎在情緒體驗上具有重要的貢獻。 Schachter 和 Singer(1962) 的情緒雙因論是當前相當盛行的對情緒的理論解釋。這個理論主張情緒歷程可分爲兩個階段，第一個階段是個體產生的一些未分化的、非特異的生理興奮，第二個階段是個體對導致其生理興奮之刺激情境的認知解釋，這兩個階段的結果就是個體的情緒體驗。換句話說，伴隨愛情而起的生理興奮應該與伴隨憎恨、恐懼、快樂和任何其他情緒而起的生理興奮完全相同。每種情緒之間的差異是在於：當我們接近一位有吸引力的異性時，我們通常把該生理興奮解釋爲愛情，當我們接近一隻兇猛的大狗時，我們把該生理興奮解釋爲恐懼；當我們接近一群好朋友時，我們將之解釋爲快樂，諸如此類。雖然 Schachter 和 Singer(1962) 最初的實驗證據在方法論上受到許多研究學者的批評（如，Marshall & Zimbardo, 1979; Maslach, 1979 ），但其基本概念仍然頗有用處，並在較近期有關情緒的理論探討中仍被繼續引用（如，Leventhal, 1974; Zillmann, 1978 ）。

讓我們檢視這個情緒的雙因論如何應用來說明消費者對產品之情緒反應的形成。例如，考慮這樣的飲料廣告：廣告中的主角手上拿著一罐飲料，身旁圍繞著一群歡樂而善意的夥伴。如果消費者曾發現自己也置身於這樣的一群同伴中，手上拿著一罐該品牌的飲料，那麼消費者將會發展出如同雙因論所描述的情緒體驗。這也就是說，消費者將會體驗到某種程度的生理興奮（實際上是由於朋友之間的笑鬧聲、營火等等所

趣味欄

(This ad was very effective in winning support for the Rat Extermination Bill.)

引起的）。消費者可能把這份生理興奮歸因於朋友（在這種情況下，消費者將會對這些朋友發展出溫暖和親近的感覺）。另外，消費者也可能把這份生理興奮歸因於那罐飲料（在這種情況下，消費者將會對該飲料發展出溫暖和親近的感覺）。

認知還可透過其他方式影響情緒。例如，訊息來源的可靠性（第 4 章討論過）似乎可以影響情緒取向之訴求的有效性。Sternthal 和 Craig(1974) 指出，高度可靠性來源可以增強恐懼訴求的效果，低度可靠性來源則會減損恐懼訴求的效果。回想先前提過的，恐懼訴求之所以奏效部分是因為伴隨該訴求的建議（推薦）提供了如何減除恐懼的方法。在 Sternthal 和 Craig 的研究中，高度可靠來源顯然使得該建議較被接納並較被信任，因此提供了如何減除消費者恐懼的一種較有效方法。相反地，低度可靠來源則顯然提供了減除消費者恐懼的一種較不具效果的方法。較近期，Pallak、Murroni 和 Koch(1983) 也發表了類似的發現。這些研究者發現，情緒取向的產品廣告當出自一個有吸引力的、可靠的來源時，其效果遠勝於當這樣的廣告出自一個不具吸引力、不可靠的來源。

在先前有關情緒的討論中，我們已談過學習對情緒的影響。情緒反應的古典制約、替代性情緒反應的古典制約、情緒反應的替代性古典制約、幽默訴求，以及恐懼訴求都是學習對情緒之影響的引例。

情緒與動機之間的介面只是一層薄膜，它們之間的可滲透性遠高於任何其他內在歷程之間的關係。情緒和動機兩者都被視為是建立在生理機制之上，並可透過古典制約作用加以改變。實際上，任何一者的典型案例通常都可從另一者的角度來解釋。例如，恐懼訴求典型地是從情緒的角度來考

慮。然而，恐懼訴求也可從動機的角度來考慮，而視之為對安全之需要的訴求，或視之為對降低風險之需要的訴求。同樣的，對某種品牌飲料之正面情感反應的古典制約通常是從情緒的角度來考慮。然而，這也可從動機的角度來考慮，而視之為對該品牌飲料之衍生性動機的古典制約。我們在第 7 章中將會再回來討論情緒與動機之間的分界面。

有關消費者對產品的情緒反應，我們已討論了許多可能的決定因素：重複、情緒反應的古典制約、替代性情緒反應的古典制約、情緒反應的替代性古典制約、幽默訴求、恐懼訴求、以及其他內在歷程的各種影響力。我們應該注意的是存在於所有這些機制中的一個共同要素。在每個案例上，其關鍵不在於消費者是否相信或接受該信息（認知）；也不在於消費者是否記得該產品訊息（記憶）；甚至也不在於消費者是否意識到該產品（知覺）。簡而言之，情緒反應之決定因素的關鍵是在於消費者是否對該產品產生好感。從這種觀點來看，許多廣告表面上看起來似乎幼稚而愚蠢，但現在看來似乎有其較嚴肅的意義。這也就是說，當從理性的、認知的角度來看，許多廣告似乎相當天真而單純；但是當從情緒反應的觀點來考量時，這些廣告可能被視為相當繁複、並富有潛在影響力。「 Final Touch 」廣告就是一個很好的例子。

四、結論：道德問題

在這裡，我們首次不把消費者視為一位理性的訊息處理者，也就是他們未必如所預期地試著察覺刺激情境中的產品、發展出對產品的信念、並保留對產品的記憶。當我們在消費者行為的模式中引入情緒這個內在歷程後，我們對消費

者的看法就有所改觀了，因為情緒的微妙影響未必是個體所能察覺的，並也未必是個體所能控制的。在本書後頭的其他關連中，我們將會再度提到這個議題。

我們也有必要知道，有些學者已開始探討這個議題在道德和法律上的枝節（參考 Kozyris, 1975; Reed & Coalson, 1977）。例如，考慮「Final Touch」這個廣告。透過某些變化形式的古典制約作用的運作，重複觀看這個廣告可能使得消費者對 Final Touch 產品產生古典制約的正面情緒反應。這種情緒反應將會使得身為家庭主婦的消費者購買 Final Touch 而不是購買其他競爭品牌的可能性大為提高。然而，這則廣告隱含地對消費者做了這樣承諾：使用 Final Touch 將可導致丈夫的關注和摯愛。但情況是否真的如此，這是個可以驗證的問題。Reed 和 Coalson(1977) 就曾建議做這樣的測試，例如，我們可以隨機指派 100 位家庭主婦使用 Final Touch，並指派另外 100 位家庭主婦使用一般品牌的衣物柔軟精。然後，我們可以檢定使用 Final Touch 的家庭主婦是否擁有較高的婚姻滿意程度（相對於使用一般品牌的家庭主婦）。如果沒有（亦即，如果 Final Touch 事實上未能增進丈夫的關懷、感激、或其他形式的愛意表現），那麼這種情緒制約的廣告可被視為一種不正當的廣告形式。

Reed 和 Coalson 建議聯邦交易委員會 (FTC) 應該取締這類有所偏頗的廣告。例如，就如 FTC 禁止藥商作浮誇的、不實的藥品廣告一樣，FTC 也應該開始禁止商業公司在廣告上宣傳它們的產品將可增進性生活滿足，可以使人們更有男性氣概／女性魅力、或是促進幸福的家庭生活——當實際情形不是如此時。在未來幾年中，這些議題將會引起人們更多的重視。

7 動　機

　　動機 (motivation) 是指個體內在的一種緊張狀態，它促
發、維持並引導個體的行爲朝向某些目標。一般也假設，目
標的達成可以減除該動機所造成的緊張狀態。在消費者行爲
的背景中，動機的結果是消費者對某項產品的欲望或需求。
本章中，我們主要是試著瞭解某項產品如何成爲消費者的目
標。這也就是說，該產品如何獲得減除緊張狀態（動機所引起
的）的能力？

　　首先，我們將檢視測量需求 (needs) 的某些方法。然後我
們將考慮探討消費者行爲中的動機的兩個基本趨勢。第一種
方法主張可以從滿足消費者現有動機的角度來描述產品。這
種方法需要訴諸於消費者的動機。第二種方法主張可以透過
促發消費動機的方式來描述產品。這種方法不只單純地訴諸
於動機，它還涉及動機的創造。再接下來，我們將檢視其他
內在歷程如何影響個體對產品的欲望。請記住，我們在本章
的任務是瞭解消費者如何產生對某項產品的需求或欲望。

一、需求的測量

　　同任何其他內在歷程比較起來，動機可說較少受到測
量。其原因之一可能是動機的早期概念所依據的是需求剝奪
(need deprivations)，這導致研究者大多根據操作程序來界定動
機，而不是根據測量程序。例如，老鼠的飢餓是根據 6 小時

的食物剝奪來操作性界定、或是根據維持正常體重的 85% 來界定 (Bolles, 1967; Spence, 1956)，而不是根據胃部收縮或自我報告等某些測量程序來界定。

儘管動機的這種獨特的操作性定義的取向，但在消費者行為方面，我們仍可檢定出三種一般類型的需求測量：重點的自我報告、整體的自我報告、以及投射測量。如同這個術語所意謂的，重點的自我報告 (focused self-report) 需要個體描述他自己對某項產品及所指定的產品屬性的需求和滿意程度。例如，Assael (1981) 以可樂飲料的不同甜度和不同碳酸含量來說明重點的自我報告法如何測量出消費者的需求。這種測量程序需要消費者根據甜度和碳酸含量來描述他們的理想品牌，也就是要求消費者指出甜度和碳酸含量對於他們做品牌選擇有多重要，並要求他們評估當他們使用該目標品牌時的滿意程度。有關消費者對某種產品的需求，這種測量方法可提供相當明確的估量。然而，這種測量未能具體反映出全面性動機系統的特色，而消費者的行為更是受到這種全面性動機的影響。

在動機的測量上，整體的自我報告 (global self-report) 試著檢定消費者之廣泛的、基礎的動機。雖然這種測量未能告訴我們消費者是否正體驗著對某產品的需求，但它可以揭露消費者真正需要些什麼，因此所檢定出的需求可供廠商直接援用於廣告中。例如，Murray (1938) 提出了一個各種心理需求的分類表（包括成就、順從、秩序、 自主、表現、親和、內省、支配、援助、謙卑、養育、求變、異性愛、持久、以及參與等等需求）。為了測量這些需求（動機）的強度，Edwards (1954) 於是設計了一份問卷，稱為「愛德華個人興趣量表」(EPPS)，它可得到許多不同的分量表分數。愛德華個人興趣量表是由

210 對敘述句所組成，在 15 個分量表中，每一分量表的敘述句均與另外 14 個分量表的敘述句配對出現，受測者必須從每一配對中選出一個較能代表自己目前處境的敘述句，諸如「我喜歡與別人談論有關自己的種種」與「我喜歡為自己所設定的某些目標而奮力工作」，或是「當我失敗的時候總是感到沮喪」與「我在團體面前講話時經常感到緊張」。考慮一下使用這種整體的自我報告測量法的一個極端例子。假設根據消費者在愛德華個人興趣量表上的分數，我們可以把某種特殊款式小型汽車的消費者分為兩組，其中一組的特色是非常高的秩序需求，另一組的特色則是高度的支配需求。如此一來，如果描述小型汽車為安全、可靠並穩定，將較易被第一組消費者所接受；而如果描述該汽車為馬力強大、外觀動人並性能優越，將較易被第二組消費者所接受。

投射測量 (projective measurements) 是測量動機的第三種一般方法。 不同於重點的和整體的自我報告測量法，投射測量並不認為個體能夠意識到自己的基本動機，也不認為個體能夠可靠地報告自己的動機。投射測量是讓個體觀看某些模糊的、不完整的、或曖昧的刺激，然後記錄下個體對這種曖昧刺激的書面反應或口頭反應。這種測量法假定個體之重要的、未獲滿足的需求將會自行「投射」在個體對曖昧刺激的反應上。為了支持這個假設， McClelland 和 Atkinson (1948) 要求受試者在參加一項實驗之前先不要進食，保持自己在飢餓狀態。在實驗中，受試者從事一項視覺辨認的作業，也就是受試者必須從幻燈機非常快速閃現的畫面中辨認出所呈現的事物。結果這些飢餓的受試者所「辨認」出的影像中有相當高比例與食物有關。但因為事實上所有的幻燈片都是空白的，這個結果就更令人注目了！這類似於我們在第 2 章提過

的 Bruner 和 Postman（1951）的研究，當某些字眼所描述的事物是個體所重視或所需要的話，這樣的字眼較快被個體所辨認出來（比起當有些字眼所描述的是與個體無關的事物）。這類研究支持這樣的基本假設：突顯的、未獲滿足的需求可能透過個體對曖昧刺激的反應而顯露出來。

　　Haire（1950）在他著名的研究中說明了如何應用投射技術來瞭解消費者的動機。當即溶咖啡在 1940 年代後期初次被引入市場之時，一般家庭並不願意購買。為了深究其原因，Haire 設計了兩份購物清單，並要求家庭主婦們描述何種類型的婦女最可能寫出這樣的清單。這兩份清單除了在咖啡這個項目外，其餘的完全相同；這也就是說，其中一份清單所寫的是正規的咖啡，另一份清單所寫的是即溶咖啡。結果家庭主婦們認為購物清單中寫有即溶咖啡的婦女較為懶惰、做事較為雜亂無章。根據這些結果，Haire 推論家庭主婦們必然是把她們對咖啡的需求投射到購物清單之模糊而曖昧的刺激中。我們可以想像，正規咖啡符合她們身為主婦的角色對自尊和勝任能力的需求。另一方面，即溶咖啡則無法符合她們的這些需求。因為這項研究的啟發，即溶咖啡在隨後的廣告中設法把有效率家庭主婦與丈夫的讚揚聯結在一起，果然成功地打進市場。這引導我們進入下一個主題，即訴諸於動機的策略。

二、訴諸於動機

　　從 1950 年代中期直到 1960 年代初期、訴諸於現有動機的作法非常盛行，這大部分得歸功於作家兼行銷專家 Ernst Dichter（1964）。訴諸於動機的範例包括兩種步驟，首先必

須檢定出重要的、相關的動機;其次是產品與該相關動機的
滿足同時呈現。在某些案例上,這似乎相當直接而明顯,諸
如描繪某種清涼飲料可以滿足你的口渴。然而,在另有些案
例上,這可以安排得相當微妙,諸如:當某項產品被描繪成
可以滿足你對舒適和健康的需求(圖 7.1a);當錄音機被描
繪成可以滿足你對辦事能力的需求(圖 7.1b);當某種藥品
被描繪成可以改善人們的性情(圖 7.1c);或者,當自行車
被描繪成可以滿足來自兒女對你的摯愛的需求(圖 7.1d)。

　　我們必須認識,訴諸於動機的第一個步驟(也就是檢定出
重要的、相關的動機)有時候相當複雜而難以決定。心理學家
已發展出許多系統來為動機分類。例如, Murray(1938) 提
出了基本心理需求的系統。先前當我們討論整體的自我報告
測量法時,在有關愛德華個人興趣量表的部分,我們已描述
過 Murray 的這個系統。 McGuire(1974, 1976)則根據 4 種
心理向度的組合(認知—情感;穩定—成長; 主動—被動;內在導
向—外在導向)提出一套複雜的動機分類系統,這套系統包括
了 16 種不同類型的動機。雖然在其他領域的心理學研究中,
這些動機分類系統發揮了某些實質貢獻;但是在消費者心理
學的領域內,這些廣泛的分法並未獲得太多的研究注意。

　　在消費者心理學中, 唯一獲得大量注意力的動機分類系
統是 Maslow(1943, 1970)的需求層次論(need hierarchy theory)。
這個理論主張人類動機是從較低層次的需求依序排列到較高
層次的需求。這些需求由低而高依次是生理需求、安全需
求、愛與隸屬需求、尊重需求、以及自我實現需求。較低層
次的需求被認為具有優先的地位。這也就是說,個體必須先
滿足了較低層次的生理需求和安全需求,然後才能開始尋求
滿足較高層次的愛、尊重和自我實現的需求。

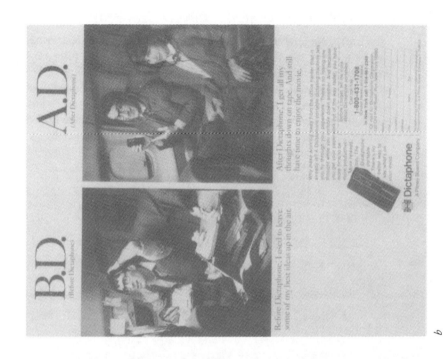

圖 7.1　在廣告中描繪該產品可以滿足某種動機的幾個示例

如果你仔細觀察的話，你可看出許多廣告就是試圖訴諸於這些需求中的一項或以上。圖 7.2 中呈現了某些示例。你可發現，只有相當少數的廣告是完全建立在較低層次的需求上。這可能是因爲在我們這個生活所需無虞而富裕的社會中，消費者的生理需求和安全需求通常已例行地得到滿足，至於愛、尊重和自我實現的動機則通常還有待滿足。在極端的情況中，有些消費者儘管負擔得起名牌牛仔褲和化粧品的花費，但這遠不及他們對愛和尊重的渴望（金錢未必買得到你的尊嚴）。

假定某個重要的動機已被檢定出來，並假定某項產品已被描繪成可以滿足該動機，這時候存在的問題是：這是否有效？這也就是說，描繪這項產品可以滿足該動機，這是否有助於提高消費者對該產品的欲望？

Myers 和 Reynolds（1967）提供了一則軼聞，說明訴諸於現有動機是如何發揮效用。根據報導，Betty Crocker 速食蛋糕在 1930 和 1940 年代期間初次進入市場時並未受到太大歡迎，這是因爲家庭主婦們發現這種速食蛋糕太方便了。我們可以想見，對那個時代的家庭主婦而言，烘焙蛋糕不但反映了一位家庭主婦的勝任能力，並也是家庭主婦滿足尊重需求的一種手段。但「新上市」的速食蛋糕只需加水即可，這將使家庭主婦無法滿足尊重需求，因爲她做這種新蛋糕時幾乎不用花什麼功夫。面對這種兩難的局面，廠商的反應是改變產品和包裝，使得家庭主婦多少從打蛋過程中覺得自己事實上是在「做」這個蛋糕，並因此透過烘焙這些預拌蛋糕而得以滿足尊重需求。根據 Myers 和 Reynolds 的報告，這個策略成功了，並導致速食蛋糕的銷售量大增。當然，現在的速食蛋糕已不再需要依賴這樣的策略，這可能反映了文化上

b. 安全需求

a. 生理需求

圖 7.2 訴諸於 Maslow（1943, 1970）之需求層次中的某個動
機的廣告實例

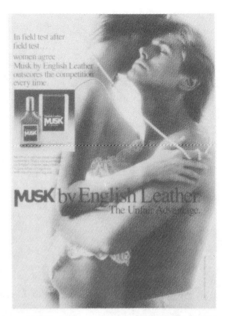

c. 愛 的 需 求

d. 尊 重 需 求

e. 自 我 實 現 的 需 求

和經濟上的變動，也反映了這些變動對速食蛋糕消費者的影響。現在有相當多的女性消費者透過職業生涯來滿足尊重需求，而不是透過做家事；或是除了家事之外，她們也可透過事業來滿足尊重需求。因此，對現代婦女而言，在速食蛋糕中加個蛋已不太有機會滿足她們的尊重需求，反而只會帶來不便而已。事實上，目前的許多烘焙（微波）、沖泡的食品似乎是在盡力迎合消費者對快速和便利的需求（例如，「從拆封到入口只需 10 秒鐘」）。因此，訴諸於現有動機的手法──經由宣傳某項產品能夠有效滿足某個特定的需求──還是大有可為。

有些研究以較嚴謹的態度檢視訴諸於動機之手法的有效性，所得結果也都支持上述的看法。例如，Koponen（1960）認為郵購客戶的購物動機可能是源於求變需求（need for change）。他所執行的一項研究顯示，針對求變需求而設計的一項郵購促銷活動真的導致較高比例的消費者購買產品，並也獲得較高的總獲利金額。

在 Ackoff 和 Emshoff（1975）所執行的研究中，我們可看到訴諸於特定的現有動機方面較廣泛的努力。這兩位研究人員是為 Anheuser-Busch 釀酒廠工作，他們試著找出消費者飲用酒精飲料背後的動機，並試著檢視在廣告中描述飲用某產品能夠滿足那樣的動機的訴求手法是否有效。經過一項大規模的調查和分析之後（部分是根據 Carl Jung 的人格理論），Ackoff 和 Emshoff 檢定出消費者飲用酒精飲料的 4 個一般性動機。海派型酒徒傾向於為了變得更外向和合群而喝酒；縱容型酒徒傾向於為了變得較退縮和內向而喝酒；補償型酒徒傾向於為了緩和從工作到休息的心情轉變而喝酒；最後，社交型酒徒傾向於以酒精飲料作為社交潤滑劑，並作為與他人

的友誼和接納有關的一項活動。

在找出這些有關連的動機之後， Ackoff 和 Emshoff 找來一些經常喝啤酒的人們，請他們參加 Anheuser-Busch 酒廠為推出 4 種新品牌啤酒所舉辦的試飲活動。 所有參與的消費者首先接受人格測驗，然後根據測驗結果把他們分類——依據他們喝酒行為是受到上述 4 種動機中的那一種所引導。接下來，每位消費者觀看 4 則電視廣告，每則廣告由 3 個段落所組成。在第一個段落中，廣告中的主角看起來像是某種動機類型的典型人物，他在廣告中的情境也是該類型人物的典型狀況（例如，消費者可能看到海派型主角隨同他的同伴從遊艇縱入大海中）。在第二個段落中，廣告中的主角正在飲用 4 種新品牌啤酒中的一種。在第三個段落中，廣告中的主角仍然現身，但現在他的性格已依該基本動機所設定的方向而轉變（例如，海派型主角正在喧嘩作樂、縱情高歌）。 觀看過這 4 則廣告後，消費者被准許試喝這 4 種新品牌的啤酒。實際上，這 4 種品牌都是同樣的啤酒，只是黑白標籤上的品牌名稱不同而已（分別是 Bix ， Zim ， Waz 和 Biv 啤酒）。

在實驗的尾聲，消費者被要求表達他們對這 4 種品牌啤酒的喜好，並被准許從中挑一箱自己最喜歡的啤酒帶回家。 Ackoff 和 Emshoff 發現，這些消費者傾向於對描繪可以滿足他們個人動機（有關飲用酒精飲料的動機）的品牌表達最強的喜好。這兩位研究人員如此描述他們的研究結果：「所有受試者都相信這些品牌互有差異，並認為他們可以分辨這些品牌之間的差異。大部分受試者覺得這 4 種品牌中至少有一種不適合人們飲用。 」（Ackoff & Emshoff, 1975, p.12）。因此，這些動機訴求不僅造成了消費者的品牌喜好，這些訴求也造成了消費者極大的知覺差異——雖然這些差異實際上並不存在

（請參考下頁的趣味欄）。

三、創造動機

至此之前的討論說明了訴諸於現有動機的手法如何發揮
作用。動機這個內在歷程的另一種操縱手法則涉及動機的創
造。從這個觀點來看，某項產品可以只因為它與人們想望的
某個物體或事件有關而被人們所接納 (King, 1981; Moschis &
Moore, 1981)。

趣味欄

Soft Suds

Taking the kick out of beer

Like most beer ads, the TV commercial for Texas Select foams over with machismo. The blurb, aired in Houston and Dallas, portrays a group of poker-playing buddies whooping it up while holding aloft glasses filled with an amber beverage. Then comes the kick or, rather, the lack of one. Texas Select is virtually alcohol free. Claims the card-party host: "The guys couldn't tell the difference."

Texas Select is one of at least six new brews that look and taste much like regular beer but have little or no intoxicating effect. With these lighter-than-Lite beverages, U.S. brewers are making their boldest move since the introduction of low-calorie beer in the mid-1970s. Brewers hope the new brands will put fizz back into sales, which have gone flat following strong growth in the 1970s.

Next week the biggest U.S. brewer, Anheuser-Busch, will roll out a brand called L.A., for light alcohol, in ten test markets from California to Rhode Island. Detroit-based Stroh, the third-largest

The new brands look and taste much like regular brew but have little or no intoxicating effect

brewer, this week will announce a low-alcohol brand called Schaefer L.A. The customers thirstiest for the new brands are expected to be males over 25 who have begun to worry about their health. Industry watchers say Anheuser-Busch will spend up to $30 million on its ad campaign featuring such modern life-style exemplars as a businessman bicycling to his job and a fitness buff working out in a health spa.

Last August Cincinnati's Hudepohl launched reduced-alcohol Pace beer partly as an answer to Ohio's strict drunk-driving laws. A six-pack of Pace, with less than 2% alcohol, produces the effect of only three cans of regular beer, which

contains about 4%. In beer-loving Australia, where lawmakers cracked down on drunk driving in 1976, low-alcohol brew has captured 10% of the market.

The new beverages generally mimic all the trappings of premium beer, including the price tag of $3 or more per six-pack. Moussy, a nonalcoholic Swiss-made product, is bottled like a prestige import beer, complete with foil wrapper. White Rock Products, which distributes Moussy (pronounced *moose*-y) in the U.S., expects to sell 650,000 cases this year. The company is now running a special advertising campaign in the Midwest aimed at churchgoers who have given up alcohol for Lent. ∎

在這裡，原始動機（primary motives）與衍生動機（secondary motives）之間的區分就相當重要了。原始動機（例如飢餓、渴、性）是建立在有機體的生化歷程上，所指的是因為生理需要而產生的行為動機。原始動機被認為大致上是不必經過學習。另一方面，衍生動機（例如成就動機、親和動機、貪婪動機）則通常被認為是透過古典制約歷程而學得的——其方式大致相同於第 6 章提過的古典制約的情緒反應。 在接下來的討論中，請注意人們獲得動機的決定性機制與人們獲得情緒反應的決定性機制之間的相似性（令人感興趣的是，「emotion」和「motivation」這兩個字都是源於拉丁字「movere」，也就是「to move」的意思）。

我們以 Cowles（1937）的一項研究來說明衍生動機的獲得。在 Cowles 的研究中，黑猩猩必須完成一項作業才能得到塑膠籌碼（制約刺激），該塑膠籌碼可先放進貯存箱中以用來交換葡萄乾（非制約刺激），這接著可引起一種正面的情感反應（最初是非制約反應，後來是制約反應）。如同第 6 章所描述的情緒反應的古典制約，最終該塑膠籌碼本身也可獲得價值而深受重視。根據 Cowles 的報告，黑猩猩開始貪心地囤積牠們的籌碼，這證明黑猩猩已學得該籌碼的價值。

這些類型的學習聯結有時候可以維持相當長久。為了解釋這種現象，Allport（1937, 1961）提出功能獨立（functional autonomy）的概念。功能獨立是指原來純粹屬於生物性動機所促動的行為成為習慣之後，行為的動機將會逐漸變質，也就是它將會獨立於原先的為求生物性需求的滿足，而自成為一種內在的促動力量，進而支配個體的行為。因此，黑猩猩一開始時擁有一個原始動機（飢餓），這個動機可透過取得某個特定目標（葡萄乾）而得到滿足。黑猩猩後來擁有一個額外

的、衍生的動機（貪婪），這可透過取得某個不同的特定目標（塑膠籌碼）而得到滿足。請注意，這爲第 6 章所提及的古典制約的情緒反應提供了另外一個討論向度。這也就是說，以衣物柔軟精與恩愛家庭畫面之重複聯結的效應爲例，家庭主婦的消費者不只會對該產品產生正面情感，她們最終也可能發展出一種動機（也就是一種促發、維持、並引導行爲的緊張狀態），該動機只能透過取得（先前並不具價值的）該洗衣產品而得到滿足。

　　從有關電視節目和電視廣告對消費者飲食習慣的影響上，我們可找到創造動機的一個合理例證。 Kaufman（1980）曾分析黃金時段的電視節目和電視廣告的內容，在所有與食物有關的內容中，幾近 80% 指稱的是非營養類的食品。 電視劇中的人物很少吃一頓營養均衡的餐食；他們大部分吃零食，不停地往肚子填些東西，並利用食物來滿足社交和情緒（而非飢餓）的需求。這些型態的食物選擇和進食行爲往往與眞實生活中的肥胖身材有關 (Nisbett & Gurwitz, 1970; Schachter & Rodin, 1974)。爲了確定這些型態的食物選擇和進食行爲在電視上造成的結果是否就如同它們在現實生活中造成的結果一樣， Kaufman 分析了電視角色的體型，他所得的結果相當有趣： 38% 的電視角色可被歸類爲苗條， 42% 可被歸類爲平均體型， 15% 可被歸類爲過重，只有 5% 是被歸類爲肥胖。因此，電視似乎呈現給觀衆們一種世界觀：以這種絕對會發胖的方式進食，卻仍可維持身材的苗條和健美。

　　根據 Kaufman 的研究，黃金時段播出的電視節目中所描述的情境可說爲某種動機的發展布置好了舞台，這種動機只能透過取得低營養價值的食物而獲得滿足（至少是暫時地）。至於如何創造消費者對低營養價值食物的動機，其方法之一

是根據替代性情緒反應的古典制約作用。當低營養價值的食物（制約刺激）與電視角色置身於「美滿生活」的畫面（也就是平均或苗條的體型，因而顯得機智、有教養、順利等等——非制約刺激）多次配對呈現之後，這自然地引起一種替代性的正面情緒反應（最初是非制約反應，後來是制約反應）。最終，低營養價值的食物也可自行喚起愉快的情緒反應。透過功能獨立，這種聯結可以發展成一種學來的衍生動機，只能經由取得垃圾食品來獲得滿足。

創造動機的另一種方法是根據情緒反應的替代性古典制約作用。考慮一下當消費者觀察到電視中的人物以下列方式受到古典制約時將會發生什麼情況：電視中的人物所吃的低營養價值的食物（制約刺激）重複地與電視中人物之社交和情緒需求的滿足（也就是擁有溫暖社交背景——非制約刺激）聯結在一起，這自然地將會導致一種正面的情感反應（最初是非制約反應，後來是制約反應）。最終，電視中的人物會受到制約而對垃圾食品產生正面的情緒反應，而旁觀的消費者也可替代性地學得這個古典制約的情緒反應。再度地，透過功能獨立，這種聯結可以發展成一種學來的衍生動機，只能經由取得垃圾食品來獲得滿足。

前述的這種基本制約原則的延伸相當有趣，特別是從美國消費者之不良飲食習慣的角度來看（如 Sorenson, Wyse, Wittwer & Hansan, 1976）。Gorn 和 Goldberg（1982）的研究例證了消費者的零食選擇（糖果 VS. 水果）可能輕易地受到影響，這顯然符合上述的觀點。在爲期兩個星期的夏令營中，觀看糖果廣告的兒童要比觀看水果廣告的兒童較可能選擇糖果作爲零嘴。對垃圾食品的渴望可能部分是這類動機創造的一種反映。此外，咖啡時間之所以在美國蔚爲風潮，大

致上可歸功於 Joint Coffee Trade Publicity Committee 在 1920 年代早期所發起的一項廣告活動（參考圖 7.3），這類活動所訴諸的也正是這種方式的動機創造。

When the clock
swings 'round to four-
COFFEE

Right at the peak of the day's duties it pays to pause for a chummy, cheery cup of Coffee.

It is a stimulus to effort in the office or in the home—it coaxes cheerful spirits and clear-thinking for the rest of the day.

As regularly as the clock swings 'round to four, drink an appetizing, reviving cup of Coffee. Not very far from wherever you are, there is a coffee house, soda fountain, restaurant or hotel which makes a feature of Afternoon Coffee.

This advertisement is part of an educational campaign conducted by the leading COFFEE merchants of the United States in cooperation with the planters of the State of Sao Paulo, Brazil, which produces more than half of all the COFFEE used in the United States of America.

This is the sign of The Coffee Club. Look for it in dealers' windows. It will help you find good coffee.

JOINT COFFEE TRADE PUBLICITY COMMITTEE, 74 Wall Street, New York

COFFEE ~ -the universal drink

This advertisement will appear during the week ending October 8th.

圖 7.3　咖啡時間廣告——Joint Coffee Trade Pubilicity Committee 在 1920 年代初期所發起的廣告活動的一部分。

消費者之動機發展的第二種例證涉及所謂的「疼痛—服藥—舒服」的模式（Shimp & Dyer, 1979）。你對這樣的手法應該不陌生，坊間有大量廣告都是在宣傳這樣的觀念：只要服對了藥物，任何身體上或情緒上的不舒適都可減緩下來。例

如，許多成藥廣告在開始時都是描繪一位主角因為感冒症狀
或情緒障礙而處於不適狀態。然後在廣告的中段，這位主角
服用某種藥劑。最後在廣告尾聲時，這位主角的感冒症狀消
退了、情緒障礙也緩和了。這類廣告可被預期將會導致成藥
的銷售量上升，但或許也會導致非法藥物（毒品）的消耗量上
升。在這一點上，讀者可以看到成藥廣告如何以衣物柔軟精
廣告和垃圾食品廣告（先前討論過）相同的方式來影響消費
者。

有關疼痛—服藥—舒服的模式，實際執行的研究並不
多，而在曾執行過的研究中，所得的結果並不一致。例如有
些研究曾發現觀看電視上的藥品廣告與服用非法藥物之間存
在有關係（如，Brodlie，1972），然而其他研究卻未發現這
樣的關係（如，Atkin, 1978b）。儘管如此，在一定的範圍之
內，疼痛—服藥—舒服的模式仍可具體說明人們如何學得服
用藥物的衍生動機而言，可能潛伏著可怕的社會後果。

到目前為止，我們已經整整繞了一圈。這也就是說，一
旦某個動機已被創造出來，並在功能上獨立於產生該動機的
情境之後，這時候廣告商就多了一個可以訴求的動機。顯
然，這已不單純是「⑴創造一個動機，⑵訴諸於該動機」這
種順序的事件。更可能的情況是，媒體不但是促成衍生動機
發展的因素，它同時也是訴諸於現有動機的工具。

四、其他內在歷程對動機的影響

以下我們討論其他內在歷程對動機的潛在影響。如同知
覺對其他內在歷程的影響那般，知覺也可能影響動機，雖然
這種影響的範圍通常並不明確。 回想 Wilson (1979) 的研究

曾例證情緒反應的獲得可以不需要意識的察覺。長期下來，
透過功能獨立的發展，衍生動機的獲得也可以不需要意識的
察覺。當然，意識可以影響欲望，但意識顯然不是欲望的必
要條件。

　　有關認知對動機的影響，認知失調論（cognitive dissonance
theory）是其中極受注意的一種觀點。認知失調論是一種解釋
心理平衡的理論，為美國社會心理學家 Festinger（1957）在
1960 年代所倡議。這個理論要義是，個體經常有保持心理平
衡的傾向，如果失去平衡，個體將會感到緊張和不適，這時
候就會產生恢復平衡的內在力量（動機）。失調所指的是各個
認知元素之間的不一致所導致個體之不適的緊張狀態。處於
這種狀態下，個體將會致力於解決其間的不一致，以便減除
這種失衡狀態。個體可透過幾個方式來完成這項工作：降低
該認知元素的重要性；增添新的認知元素，以便改變原有認
知元素之間的關係；改變與失調的認知元素有關的行為；歪
曲其中的一項或兩項認知元素；等等。

　　最常被應用於消費者行為上的失調概念涉及所謂的「決
策後的失調」（post-decisional dissonance）。任何決策幾乎總是
會引起失調。不論我們必須在兩種或更多的選項中做個決
定，也不論你最終選擇什麼，它必定與你的信念有某種程度
的不一致。做了決策之後，你所放棄之事物的所有優點，以
及你所選擇之事物的所有缺點都會使你的決策產生失調。這
種決策後的失調可經由改變個人對各個選項的評價而得以緩
解。這也就是說，經由貶損所放棄的事物，並經由誇讚所選
擇的事物，這兩個事物將會以有利於所選擇事物的方向區隔
開來，因此就不再存有不一致。例如，你決定買富豪汽車而
不買裕隆汽車；富豪汽車的安全性能和新造型以及裕隆汽車

的狹小空間和平淡外型與你的決策協調，但富豪汽車的價位和耗油量，以及裕隆汽車的廉價和省油則與你的決策失調。這時候你將會傾向於提高對富豪汽車的評價（喜好），並降低對裕隆汽車的評價（喜好）來減除你的失調。

Brehm（1956）所執行的一項研究證實了這種效果。他讓女性受試者看 8 件產品，如烤麵包機、鬧鐘、收音機……等，然後請她們指出對每件東西的喜好程度，接著再從其中拿二件東西讓她們看，告訴她們可從兩者之中挑選一件帶回家。當她們做了決定後，再請她們對每件產品重新評價一次。Brehm 發現，當第二次評價時，這些受試者強烈地傾向於提高對她所選擇的東西的評價，並降低對其他東西的評價。再者，當所提供挑選的兩件東西在原來的評價中相當接近時（高度失調組），受試者做了決定之後將會引起較大的失調，因此當再度評價這兩件東西時所產生的差距也較大。當提供挑選的兩件東西在原來的評價中差異頗大時（低度失調組），受試者做了決定後所引起的失調較小，因此再度評價這兩件東西時所造成的差距也較小。除了這項研究外，這類結果也在其他現象的研究上得到重複驗證，包括對泳裝的評價（Mittelstaedt, 1969），對賽馬獲勝機率的估計（knox & Inkster, 1968），以及註冊前對大學課程表（選修學分）的評價（Rosenfeld, Giacalone & Tedeschi, 1981），以上只是其中一些例子。

儘管這類效應的高度可驗證性，我們應該提醒自己避免過度應用這個社會心理學的理論於消費者行為的背景中。這個領域中的許多研究者逐漸不滿意於把認知失調視作為決策後失調現象的唯一解釋。這裡的重點不在於決策後失調這類的貶損／誇讚的歷程是否真的發生；因為顯而易見的，這些效應確實發生。然而，問題是在於認知失調是否是這樣的效

應的基礎機制。Tedeschi，Schlenker 和 Bonoma（1971）曾
提出，這類研究中的受試者可能努力試著「整飾」實驗人員
對他們所形成的「印象」（manage the impressions）。這類印象
整飾相當重要，因爲他人對我們所形成的印象將會決定他們
如何對待我們，他們施予我們的獎賞，以及他們在未來提供
我們的機會等等這類事情。考慮一下如何應用這個方向的推
理於決策後失調的效應上。消費者經由在報告時提升自己選
擇的事物的價值，並經由在報告時減低自己所放棄事物的價
值，消費者因此可以製造一種印象：他是理性的，並擁有健
全的判斷力。消費者如果繼續報告提供他選擇的兩個事物在
價值上仍然相當接近，這可能意味著他的判斷力有所問題，
因爲他先前的決策實在缺乏良好的理由。

　　近期的研究越來越支持有關認知失調效應的這種印象整
飾的重新解讀（如，Goethals, Reckman, & Rothman, 1973；
Rosenfeld, Giacalone, & Tedeschi, 1983）。雖然這個問題的完
全解決還有一段路要走，但它顯然指出了認知對動機的影響
是一個複雜的問題。

　　有關學習對動機的影響，我們前面已討論過。透過古典
制約作用而學得的衍生動機可說爲這類效應提供了最佳例
證。

　　如同先前提過的，我們最好還是把動機與情緒之間的分
界面視爲側重層面的不同，而不在於重大的實質差異。消費
者獲得情緒反應的典型例子通常也可作爲他們獲得衍生動機
的典型例子來解釋，反之亦然。同樣的，恐懼訴求的典型例
子通常也可當作訴諸於某些現有動機的典型例子來解釋，反
之亦然。

五、結論：過渡

　　直到目前為止，本書所描述的幾乎每一件事情都與內在歷程有關。我們如何察覺到（知覺）某項產品，對它發展出信念（認知），記住它（記憶）、獲得有關它的聯結（學習），對它發展出情感（情緒）、並獲得對它的欲望（動機）。我們已能依次地個別考慮這些內在歷程。儘管如此，我們愈來愈明顯看出，這些內在歷程互相影響、同時發生、並具有多重而不同的決定因素。

　　此時我們對於消費者當面對刺激情境時的內在事件已具有一幅清楚但複雜的畫面。接下來的問題是：所有這些交互關連並同時發生的內在反應將會如何影響消費者的行為？第8章的目標就是在於瞭解從消費者的內在反應到消費者的外顯行為之間的過渡。

8 意向與行為

　　意向（intention）可被定義爲是執行某些特定行爲的計畫。簡單而言，行爲則是指某項行動或某種反應。在消費行爲的背景中，意向是指購買或使用某項產品的計畫，行爲則是指該產品的實際購買或使用。在本章有關意向和行爲的討論上，我們將首先檢視各種內在歷程之間的關係，看它們如何導致消費者的意向和行爲。接下來，我們將檢視 Fishbein 和 Ajzen 的理性行動理論，並考慮如何應用這個理論來解釋消費者的行爲和意向。在本章最後部分，我們將考慮心理描述法的實際施行，或是利用個人在內在歷程上的差異來預測意向和行爲。請記住，我們在本章的任務是試著瞭解消費者如何發展出使用某項產品的計畫，以及這樣的計畫如何導致實際使用該產品。

一、意向與行爲——作爲內在歷程的結果

　　在本書所引用的研究中，有些是把意向視爲刺激情境之某些層面受到操控的實驗程序中的依變項（dependent variable）。例如，Kanungo 和 Johar（1975；我們在第 4 章的歸因理論中曾引用過）發現有條件的（經過認證的）、多變化的廣告導致較高的可信度，雖然這類廣告也只導致等量的（甚或較低的）購買意向。

　　意向在消費者心理學中受到重視幾乎完全是因爲它作爲

中介變項 (intervening variable) 的地位。這也就是說，意向被認為在內在歷程（針對刺激情境的反應）與某項產品的實際購買或使用之間提供了一種聯結。因此，意向曾被當作依變項來處理（亦即，內在歷程的結果），也曾被當作自變項來處理（亦即，行為的前因）。關於把意向視作內在歷程的結果，一般假定，內在歷程的良好結果（也就是，意識到產品，對產品的良好信念，記住該產品及其屬性、獲得與該產品以及與該產品的使用的強烈聯結，對產品的正面情感、以及／或對產品的欲望）將可導致購買該產品的意向。

本書所提及的研究中，有些側重於把行為視為刺激情境之某些層面受到操控的實驗程序中的依變項。例如， Russo， Krieser 和 Miyashita（ 1975 ；在第 3 章的單位價格中曾引用過）發現消費者購買較便宜品牌是出於單位價格的訊息以新的列表方式陳列出來。

關於內在歷程的效應，一般假定，內在歷程的良好結果將可導致實際購買該產品或使用該產品。整體而言，這個假設似乎符合所得的證據。例如， Reibstein， Lovelock 和 Dobson(1980) 針對大眾運輸系統，檢視消費者之信念（認知）、情感（情緒）與使用（行為）之間的關係。他們發現，消費者對公共汽車之便利性和迅捷性的信念與他們對公共汽車的正面情感有關，並接著也與他們實際搭乘公共汽車的行為有關。 Stang(1977) 檢視消費者對歷任美國總統的回憶（記憶）、對歷任總統的評價（認知），以及總統紀念酒的銷售量（行為）之間的關係。根據他的報告，銷售量與評價之間有適度相關，銷售量與回憶之間則有高度相關。

這類研究具有雙重的困難。首先，意向這個中介變項通常並未包括在這類研究的理論概念或測量程序中。不論研究

者是否相信消費者的行為受到意向的引導，意向在過去受到
了充份的注重，這是為了擔保有關檢視內在歷程與行為之間
關係的研究的正當性。其次（這或許是較為重大的困難），很少
有包容廣泛的探討方法足以分析各種內在歷程、意向、與行
為之間複雜的交互關係。這也就是說，某個特定的研究可能
指出了回憶與銷售量之間的關係、情感與銷售量之間的關
係、或其他任一種內在歷程的結果與銷售量之間的關係。然
而，因為缺乏同樣的研究指出評價與銷售量之間的關係，我
們無法獲得有關消費者如何被導向購買該產品這個事件的完
整景況。我們很快會再回到這個問題來。

二、行為──作為意向的結果

　　意向與行為之間的關係就類似於態度與行為之間的關係
（參考 Fishbein & Ajzen, 1972）。因為這種類似性，透過檢視
有關態度與行為之間關係的研究，或許有助於我們獲致有關
意向與行為之間關係的某些洞察力。例如，許多研究發現，
提高態度問題的特定性可以增進以態度作為行為指標的準確
性（如，Heberlein & Black, 1976）。因此，透過提高意向測
量的特定性，這也將可增進以所敘述的意向來預測行為的準
確性。例如，「我將會嘗試新品牌的青豆」這個敘述就不如
「我明天將會去頂好超市買一罐新品牌的 X1 青豆」這個敘
述來得特定而明確；因此，作前者敘述的消費者將比後者較
不可能去執行該行為。

　　然而，意向─行為的問題要比態度─行為的問題來得大
些。態度一般被認為是由認知、情感和意動 (conative) 三種成
份所組成（也就是，認知、情緒和動機）。另一方面，意向則被

認為是出於這三種成份再加上知覺、學習以及這些成份的交互作用的結果。因此,我們若把檢視態度與行為之間關係所得的研究結果推論到意向與行為之間的關係上,這可能相當具有啟發性,但我們也有必要認識它們不是完全對等的。

關於意向與行為之間的關係,我們有何證據呢?一般而言,意向似乎可以相當準確地預測行為,雖然這種關係不可能是完美的。 Banks(1950) 和 Katona(1960) 兩人發現到,在報告自己有購買意向的消費者中,其實際購買率大約是 60% ;在報告自己沒有購買意向的消費者中,其購買率大約是 30% 。較近期, Taylor , Houlahan 和 Gabrael(1975) 則發現,在表達自己有購買某項新產品之意向的消費者中, 35% 的人實際購買了該新產品;而在表達自己沒有購買某項新產品之意向的消費者中,實際購買該新產品的比例是 0% 。 Morrison(1979) 曾提出一個綜合架構來分析購買意向的資料。在這個架構中,消費者所陳列的意向可以換算成數值,以供估計消費者的購買機率。像 Morrison 這種建立在統計上的探討途徑可說提供了另一種根據意向來預測行為的可行方式。

三、一種整合:理性行動理論

Fishbein 和 Ajzen(1975; Ajzen & Fishbein, 1980) 的理論為態度、意向、與行為之間的關係提供了一種絕佳的整合 (圖 8.1 呈現了他們的理性行動理論) 。根據這個理論,行為源於意向、意向則源於兩個獨立的影響力:(1)對 b 品牌的整體評價;(2)主觀常模 (subjective norms) 。根據 Fishbein 的多重性模式 (第 4 章曾討論過) ,對 b 品牌的整體評價被界定為是對該

品牌之各種信念的加權總分數（每個信念依其強度或重要性而得到不同的加權）。主觀常模則被界定為是對某個品牌之各種常模信念的加權總分數（每個常模信念依個體的動機——個人順從重要他人對該品牌之預期的動機——而得到不同的加權）。

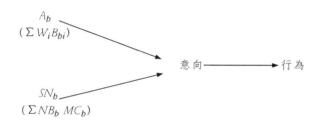

A_b ＝對 b 品牌的整體評價

W_i ＝ i 產品屬性的強度或重要性

B_{bi} ＝對 b 品牌及對 i 屬性的評定信念

SN_b ＝對 b 品牌的主觀

NB_b ＝對 b 品牌的常模信念

MCb ＝順從重要他人對 b 品牌之預期的動機

圖 8.1 Fishbein 和 Ajzen(1975, 1980) 的理性行動理論

以下我們介紹這個理論的某些意涵。首先，態度成份（A_b）被假定獨立於常模成份（SN_b）。其次，態度對行為的影響以及常模對行為的影響被假定是間接的。這也就是說，態度和常模完全是透過它們對行為意向的影響而影響行為。最後，常模信念在組成上被假定是一種簡易的、單次元的結構。

這些假設並未毫無批判地被接受。第一個假設論及態度成份與常模成份的獨立性，這種論點與來自其他背景的研究結果並不一致。例如，在有關從眾行為（conformity）的社會心理學研究中，常模訊息已被證實可能影響態度（Asch, 1955;

Mullen, 1983; Nemeth, 1985）。反過來說，個人的態度也可能影響他對常模訊息的接納和採用（Mullen et al., 1985; Ross, Greene & House, 1977）。 第二個假設論及態度和常模對行為的影響完全是間接的，這種論點已在某些研究中獲得證實（如， Bagozzi, 1981 ）但在另一些研究中卻受到駁斥（如， Bentler & Speckart, 1981 ）。第三個假設論及單次元的常模信念，這種論點受到了許多研究者的批評，他們已例證了獨立的、不同來源的常模影響力的存在（如， Ryan & Bonfield, 1980; Warshaw, 1980 ）。

然而，儘管這些批評的聲音，現有的證據一般都支持這個有關消費者行為的整合方式。這個理性行動理論已順利地被應用在許多不同現象上，諸如購買服飾（Miniard & Cohen, 1981）、約會行為（Bentler & Speckart, 1981）、以及折價卷的使用（Shimp & Kavas, 1984）。使用某項產品的意向通常是源於對該產品的正面整體評價，並再結合主觀常模也支持使用該產品；接著，實際使用該產品的意向。需要注意的是，這個理性行動理論包括了「消費者行為的一般模式」（我們最先在圖 1.1 中呈現過）中的許多元素。這個理論與「一般模式」互相對應的項目包括： A_b 對應於「一般模式」中的認知， MC_b 對應於「一般模式」中的動機， NB_b 對應於「一般模式」中的社會背景。這樣的對應不值得訝異，因為圖 1.1 的「一般模式」是在這個重要的研究工作之後才發展出來，其概念模式中已併入了 Fishbein 和 Ajzen 之理性行動理論中的可行層面。

四、心理描述法

　　心理描述法 (psychographics) 是一種定量的研究，其目的
是根據各種心理維度來區分和聚合消費者。心理描述法這個
術語起源於行銷研究學者 Emanuel Demby（1974）。心理描
述法經常被拿來與市場區隔（或人口統計學）作個對照，後者
是根據社會學的、社會經濟學的變項來區分和聚合消費者
（參考 Engel, Fiorillo & Cayley, 1982）。我們可以把心理描述的
研究視為利用各種內在歷程作為心理維度，然後在這些維度
上對消費者進行區分和聚合。

　　這種心理描述法在實用層面上的意涵是，商業機構可以
設計和傳達多種不同的訴求，以便針對特定的消費者次級團
體作最有效的訴求。心理描述技術的效度和益處曾接受過嚴
格的評鑑（如，Wells, 1975），這是一個相當活躍的領域，目
前不斷有新的研究投入。下面我們考慮心理描述法應用在每
種內在歷程上的某些例子。

　　Becherer 和 Richard（1978）利用自我監察 (self-monitoring)
的維度而發展出知覺方面的一種心理描述法 (Snyder, 1979)。
高度自我監察的人們對自我展現的憂慮較為敏感，他們較為
注意和知覺的是社會線索；低度自我監察的人們對自我展現
的憂慮較不敏感，他們較為注意和知覺的是內在標準。雖然
自我監察基本上可被視為一種人際關係的風格，但是它也能
夠檢定出知覺風格上的明顯差異。 Becherer 和 Richard 因此
推論，低度自我監察的人們將較可能遵從他們個人的品牌喜
好，而高度自我監察的人們將較可能受到情境變項的影響。
這些研究者也已找到支持這種推論的證據；所得證據指出，

這些特定的知覺風格可以決定消費者是否將會注意並知覺有關產品適宜性的訊息。

在另一種針對知覺這個內在歷程的心理描述法中，Kelman 和 Cohler(1959) 檢定出兩種知覺風格，即銳化型和平抑型 (sharpeners & levelers)。銳化型傾向於強調刺激之間的差異；平抑型則傾向於把刺激之間的差異減到最低。 Kelman 和 Cohler 發現，銳化型的人們主動尋求新訊息，容易察覺到信息與產品特性之間的差異。另一方面，平抑型的人們尋求較大程度的知覺簡易性，他們儘量避免曖昧的、複雜的訊息。類似於 Becherer 和 Richard (1978) 的研究，這種心理描述法也說明了消費者在注意和知覺產品訊息方面可能有所差異。

在有關認知的心理描述法方面，我們在第 3 章已提過一個例子——Johnson(1971) 曾應用市場空間的概念於芝加哥的啤酒市場。在這類應用市場空間概念的背景中，你需要注意的是不同次級團體的消費者可能擁有不同的理想產品。如何檢定出消費者信念結構中的這些差異即為心理描述法在認知方面的主要任務，至於其實際步驟和意涵，我們已在第 3 章討論過。

關於學習方面的心理描述法， Vinson 和 Scott(1977) 曾提供了一個例子。這兩位研究人員認為，消費者對產品類型的整體偏好以及對產品屬性的重視程度這些價值觀是從社會上和文化上學來的。因此，我們可以預期，在社會方面和文化方面經歷不同學習史的消費者將會獲得不同的價值觀。Vinson 和 Scott 曾比較來自自由、開放的西海岸大學的學生與來自傳統、保守的南部大學的學生，他們發現這兩組學生在有關汽車的價值觀（後天獲得的）方面簡直南轅北轍。例

如，自由、開放的西海岸大學生認為廢氣排放、手工和機械技術是重要的產品屬性，因而偏好小型汽車。另一方面，傳統、保守的南部大學生則認為操控順暢、空間大小和名氣是重要的產品屬性，因而偏好標準型的汽車。需要注意的是，這項研究也與認知、動機和文化背景有所關連。

從心理描述法的觀點來看，情緒或許是最不受注意的內在歷程。但根據消費者情緒體驗的主要決定因素來區分和聚合各種次級團體的消費者或許是一種可行的方式。許多研究顯示，有些人們的情緒體驗主要是決定於外在的、情境的線索，另有些人們情緒體驗則主要決定於內在的、自我製造的線索（如 Duncan & Laird, 1980 ）。這可說為情緒方面的心理描述法布置好了舞台，我們在 9 章中會進一步討論這種可能性。

從心理描述法的觀點來看，動機或許是最受到注意的內在歷程。例如， Grubb 和 Hupp （1968）發現福斯 Beetles 車主和龐蒂克 GTOs 車主在自我描述方面顯現實質差異，而這與人們對汽車偏好的動機刻板印象相當一致。例如，福斯車主傾向於描述自己是個節儉的人，而 GTO 車主則傾向於描述自己富有冒險精神。同樣的， Mittelstaedt ， Grossbart ， Curtis 和 Devere(1976) 比較高度感官刺激追求者（這些人們致力於追求興奮和刺激）與低度感官刺激追求者（這些人們試著避免興奮和刺激）。研究結果顯示，相對於低度感官刺激追求者，高度感官刺激追求者傾向於願意嘗試較新的產品，他們很少在未經嘗試的情況下就排斥新產品。關於動機方面的心理描述法， Ackoff 和 Emshoff(1975) 曾提出另一個實例，他們根據動機類型來解讀酒精飲料的消費行為（第 7 章曾討論過）。他們發現只要找出不同次級團體的消費者的飲酒行為是受到

何種特定動機所引導，然後針對該特定動機的廣告訴求將最
能致效。

五、結論：行動的力量勝過言語

在諸多方面，消費者行爲才眞正是本書的重點所在。在
每一頁中，我們都在試著瞭解消費爲什麼會（或不會）採用某
項產品、服務或設施。問卷調查的答案通常有一定價值，但
消費者所採取的行動往往才是「底線」（bottom line）所在。因
此，消費者行爲的測量在消費者心理學的研究工作中是關鍵
性的一個步驟。

實際銷售數字通常被用來作爲消費者行爲的指標。例
如，Kotzan 和 Evanson(1969) 根據商店盤點記錄探討銷售量
的波動情形，他們發現產品的銷售量隨著該產品所占的陳列
架空間大小而變動。同樣的，Starch(1961) 發現產品的銷售
量隨著該產品每年在某些雜誌上所刊登的廣告頁數而變動。
Blattberg(1980) 描述了電腦掃描採購日誌的發展情形，它是
透過電腦化的結帳系統來掃描商品的條碼，因而得以自動記
錄某個個體的購物行爲。消費者在結帳時出示密碼卡，所購
買的商品將會自動登錄在該個體個人的日誌中。這些電腦掃
描採購日誌能夠每日準確而完整地列印出某位消費者所購買
的產品和品牌。

配合著對消費者對行爲的這種高科技測量方法的發展，
另一種高科技的發明也已推上了舞台。有線電視頻道的掃描
裝置是指利用有線電視系統上的剩餘頻道，逐家逐戶地把商
業廣告傳送給消費者。Issac Asimov (1980) 推測，到了西元
2000 年之前，所有美國家庭將有 20% 擁有一個針對他們個別

指定的特有電視頻道，就如同今天的大部分家庭都擁有個別的電話號碼一樣。

這些技術上的創新可說提供了一條捷徑，可供廣告商針對不同次級團體的消費者量身定製特別的廣告信息，並直接傳送給這些消費者。例如，在不久的將來，你和你的鄰居將可舒適地在自己家中觀賞熱門的電影。廣告商向當地超級市場購得的電腦掃描採購日誌將會指出你是夢卡可樂的固定消費者，而你的鄰居則是牛奶的固定消費者。Flurple 清涼飲料公司將可透過有線電視的掃描裝置在第一節廣告時段傳送廣告到你的電視螢幕上，所呈現的可能是容易引起你把 Flurple 飲料與嬉鬧、歡暢的感覺聯想在一起的畫面——這些畫面典型地容易與可樂飲料聯想在一起。然而，在這同時，你的鄰居所看到的廣告卻是在稱讚 Flurple 飲料不含糖精、不含咖啡因，也不含膽固醇，完全是「天然的」成份。

這樣的應用已隱約具有歐威爾在《1984》這本書中所敘述的意味。不論如何，就實際在 1984 這一年時，這些應用已達成了。芝加哥市的兩家公司 Adtel Marketing Services 和 Information, Resources, Inc., 已經將這些高科技的行為測量法和廣告鎖定技術的初步版本付之實行，試行的地區包括麻塞諸塞州的 Pittsfield，印地安那州的 Marion，威斯康辛州的 Eau Claire，德州的 Midland，緬因州的 Portland，印地安那州的 Evansville，以及佛羅里達州的 Orlando(Poindexter,1983)。

雖然這些技術仍在發展之中，但這些初步應用已引起一些實效上和道德上的問題。在一個 60 秒的廣告時段中，共有多少針對某種品牌的不同版本的廣告正在整個社區中傳送？對於這種高度鑑別的鎖定技術，我們如何追蹤其有效性呢？

對於這種高度鑑別的鎖定技術，我們在道德上的考慮是否與在全國地區只製作單一版本播放的廣告（也就是一種品牌只製作一支廣告）有所不同呢？那些人們（或機構）可被授權取得這些電腦掃描採購日誌呢？俗語說得好，一張圖畫勝過千言萬語。然而，如果在電視螢幕上閃過的這些畫面的確對我們的行動產生任何重大影響的話，那麼實行這些新技術的人們將是印證了這樣的假設：行動的力量勝過言語。

 趣味欄

Another high-tech innovation that has already arrived is the VideoCart (Johnston, 1988). The VideoCart (developed by Information Resources, Inc.) is a shopping cart with a liquid crystal display mounted on its handle. The displays will show grocery ads along with other useful information about the store and the world at large. Ads created can be transmitted nationally by satellite to each store, which can then use its own computer to transmit the information to each VideoCart. The technology that would allow the VideoCart to display the ads appropriate for different locations in the store is emerging. Also foreseeable is the focusing of the grocery cart ads to the particular likes of the shopper as has been predicted earlier for television ads. Regardless, the VideoCart enables advertisers to bombard the consumer at a point very close to the actual behavior part of the process.

9 ｜ 行為回饋與產品生命週期

　　到目前為止，我們所呈現的消費者行為的觀點都是屬於複雜之交互作用的一種。然而，這種消費者行為的觀點也是屬於單方向的、超時間的（沒有時間限制的）作用的一種。這種觀點之所以是單方向的是因為我們先前所考慮的事件進展順序是從刺激情境到內在歷程、到意向、再到行為。其次，這種觀點之所以是超時間的（或沒有時間限制的）是因為這種事件的進展順序沒有考慮到隨著產品的上市時間長短可能產生的變化情形。不論如何，人類行為顯然要比這種單方向的、超時間的透視觀點所描述的更具動態性。不只是行為受到內在歷程的影響，內在歷程也可能受到行為的影響。同樣的，消費者可能針對新產品時（如影碟）以某種方式經歷了這些歷程，但針對現有產品時（例如，唱片）卻採行另一種方式。

　　本章的重點就是放在消費者行為的這些動態的成份上。在這裡，我們將檢視行為對內在歷程可能產生的影響。當行為影響了內在歷程，並且該內在歷程接著改變該行為時，我們就稱之為行為回饋（behavioral feedback）。我們也將檢視隨著產品的上市時間長短可能造成的消費者行為之一般模式的變異情形。產品生命週期的概念則是用來理解這些變異。請記住，我們在本章的任務是在於瞭解行為回饋的效應和產品的生命週期如何影響我們迄今所檢討過的消費者行為的各種運作原則和機制。

一、回饋：把行為看作內在歷程之前提

關於行為對知覺可能造成的影響，這通常與行為對認知和記憶可能造成的影響有很高的重疊性。如果消費者使用某項產品，他們將有較大機會暴露於該產品及有關該產品的訊息，而這可能導致對該產品的高度意識（知覺），以及對該產品高度的訊息保留（認知和記憶）。

例如，Howard(1977) 曾檢驗抵價優待卷的效果。他針對某個樣本曾收到抵價優待卷的消費者，詢問他們記得自己是否收到過抵價優待卷，並他們是否已使用了該產品。研究結果顯示，消費者對優待卷的意識（知覺）以及對收到優待卷的回想（認知和記憶）顯然受到他們對該產品之行為的影響。例如，未曾試過該產品的消費者中，只有 10 ％記得自己曾收到優待卷；曾試過該產品一次但未曾再度購買該產品的消費者中，45 ％記得自己曾收到優待卷；至於曾試過該產品並後來持續購買該產品的消費者中，55 ％記得自己曾收到優待卷。因此，只要該產品的使用可以提供消費者額外的機會接觸到該產品更多的特性的話，這樣的行為就將會影響消費者的知覺和記憶。對該產品的這些額外接觸可以導致消費者從事較多的知覺、認知和記憶的歷程。

在把行為當作認知和說服、情緒、以及動機之前提的討論中，我們所依賴的是一種不同的理論透視。這個理論透視就是自我知覺論 (self-perception theory)(Bem, 1965, 1972)，我們有必要在這裡簡要描述一下。自我知覺論可被視為歸因理論（我們在第 4 章討論過）之一般性命題的一部分，它是解釋個體行為與其自我知覺之間關係的一種理論。歸因理論在這

方面的應用主要是建立在兩個命題上。首先，個體部分是透過從觀察他自己的外顯行為，以及／或者從觀察該行為發生時的環境所作的推論，才得知自己的內在狀態（信念、感情、欲望）。其次，當內在線索微弱、模糊、並難以解讀時，個體在功能上將處於與一位旁觀者同樣的位置，他也必須依賴那些外在線索來推論內在狀態。因此，消費者可能源於他對某項產品的行為，以及／或者源於該行為發生時的環境，才推論出他自己的信念、感情或欲望。在這樣的背景下，我們現在考慮行為對於認知、情緒和動機可能產生的影響。

行為對於認知可能產生的影響之一涉及價位─品質之間的關係。你不妨回想一下，第 3 章中對於價位─品質之間關係所提出的一種解釋是：付出努力（金錢）取得的產品可以導致較高的滿足。此外，先前討論過的兩種透視觀點也可為上述的解釋提供另外的正當理由。一方面，認知失調論 (Festinger, 1957) 將會解釋這種影響是「理由不足效應」(insufficient justification effect) 的一個例子。當一個人執行一項中性或負面的行為，並獲得一個中性或負面的結果時，這被認為將會引起認知失調，而只能透過提高對該結果的認知評價來減輕失調。例如，如果我花了很多錢買一箱羅卡可樂，然後發現該可樂的味道很難入口，認知失調論主張我將會體驗到不適的感覺，而這種不適感只能透過提高我對羅卡可樂的評價才得以減輕。其結果是我將增進自己對該產品的評價──源於我致力於減輕認知失調。

另一方面，印象整飾論 (Tedeschi, 1981; Tedeschi, Schlenker & Bonoma, 1971) 將會把這種影響解釋為是下列這個簡單假設的支持證據：人們不想讓自己顯得非理性或愚蠢。所謂的印象整飾 (impression management) 是指個體透過語言與非語言的

行爲表達，試著操縱、控制其他人們對他形成有利歸因或良好印象的過程 (Goffman, 1959)。因此，當個體執行一項中性或負面的行爲，並獲得某些中性或負面的結果時，個體將會開始憂慮其他人們將如何看待自己的這項差勁判斷。例如，如果我花了很多錢購買一箱羅卡可樂，並我稍後發現該可樂難以入口，我將會開始擔心其他人們將如何看待我的這項差勁判斷，因此我可能乾脆就以正面言詞來描述該產品。其結果是我對該產品公開的正面陳述（雖然我不必然提高自己對該產品的認知評價）。換句話說，認知先調論把價位—品質之間關係解釋爲是嘗試減輕失調的一種反映，而印象整飾論則把價位—品質之間關係解釋爲是嘗試避免顯得愚蠢的一種反映。

自我知覺論提供了第三種可能性。根據自我知覺論，消費者對於剛剛購買的產品可能還未產生清楚而明確的評價，因此他們可能必須從某些可觀察的行爲來推論該產品的品質—購買該產品所花費的金額就提供了一種易於觀察的行爲。例如，當被要求評價剛剛購買的那種品牌的青豆的品質時（事實上，其口味與其他5種品牌的青豆沒有差別），消費者可能根據較高的購買價格而推論自己所選擇的品牌必然眞的口味不錯。需要注意的是，這種自我知覺的探討途徑可用來整合先前所提的關於價位—品質之間關係的兩種解釋。這也就是說，消費者所付出的努力（所支出的購買金額）可以導致他們滿意自己所選擇的項目，並同時提供了有關該產品品質的一個具體指標。

在 Dholakia 和 Sternthal (1977) 的研究中，我們可找到行爲影響認知的另一個例子。這些研究人員呈現給受試者一份說服性信息，告訴某些受試者該信息是來自高度可靠性來源，並告訴某些受試者該信息是來自高度可靠性來源，並告

訴另外的受試者該信息是來自低度可靠性來源。然後這些受試者在被請求簽署一份請願書（這份請願書是為了支持該說服性信息中所提出的某個議題）的之前或之後，他們也被要求表達自己的態度。當受試者的態度是在簽署行為之前接受測量時，我們將可看到典型的來源可靠性效應（source credibility effect），也就是較可靠的來源具有較高的說服力。然而，當受試者的態度是在他們被請求簽署請願書之後才接受測量時，受試者自身順從／不順從的行為顯然可作為決定他的態度的線索。在某些案例上，這顯然已破壞了典型的來源可靠性效應。

例如，有些受試者觀看過來自高度可靠來源的信息之後就順從請求而簽署該請願書，這類受試者所反映的似乎正是完形歸因的折扣原則。這也就是說，這樣的受試者簽署該請願書是出於兩個可能原因：(A) 他真的相信該說服性信息中的議論（這個可能原因始終存在）；(B) 他受到高度可靠來源所左右。第二個可能原因的出現使得第一個原因變得較不可能，並且這些受試者表達出相對較弱的態度。另一方面，有些受試者觀看過來自高度可靠來源的信息之後並未順從請求而簽署請願書，這類受試者所反映的似乎正是完形歸因的增值原則。這也就是說，當面對應該會導致順從行為的環境壓力時（例如，該說服性信息之來源的高度可靠性），受試者卻未順從於該請求。這說明了受試者對該議題的態度必然強烈地對立於該信息所擁護的立場，並且這些受試者表達出相對較強烈的對立態度。

如同自我知覺論所主張的，這類實證的研究結果顯示了行為可以影響認知。

我們在第 6 章提過，近期關於情緒的理論透視指出，情緒是生理興奮以及有關該興奮之認知的共同結果（如，Leventhal, 1974; Schachter & Singer, 1962)。根據自我知覺論,個體可能從對外顯行爲的觀察以及／或者從對該行爲所發生之情境的觀察中推論出他的情緒體驗。一方面,許多研究顯示,對情境線索的依賴可能影響情緒體驗(如, Cantor, Zillmann & Bryant, 1975; Valins, 1966)。例如, Cantor 等人(1975)導使受試者把運動引起的生理興奮「錯誤歸因」於色情影片所致,這導致較高比例的受試者報告自己的狀態是性興奮──因爲他們以該影片作爲情境線索。另一方面,許多研究顯示,對行爲線索的依賴也可能影響情緒體驗(如, Laird, 1974; Leventhal, 1974)。例如, Laird(1974)要求受試者控制和放鬆各個部位的臉部肌肉,以便顯出微笑或蹙眉的模樣(所採用的藉口是,實驗人員正在研究人們在各種知覺狀況下臉部肌肉活動的作用)。在不知情的情況下,有些受試者被誘導做出微笑時的臉部肌肉牽動型式,另有些受試者則被誘導做出蹙眉時的臉部肌肉牽動型式,結果前者要比後者報告自己有較爲正面的情緒體驗。

以下我們討論如何延伸上述的研究於消費者的情緒反應。假設廣告商希望消費者接觸到某項產品的同時體驗到正面情緒,以便該產品與正面情緒之間可以發展出某些形式的聯結,廣告商大致可以採取兩種方式。首先,如同我們已多次看過的,該產品可以在一個提供有情境線索,而該情境線索暗示著(容易使人聯想起)正面情緒體驗(如,恩愛家庭的畫面)的背景中呈現。其次,該產品可以一種將可引起消費者自行產生行爲線索,而該行爲線索可使消費者推想到正面情緒體驗的方式呈現。例如,以經常被電視觀眾在不知不覺中哼唱起來的廣告主題曲爲例,這些主題曲典型地具有兩個共通點:(A)它們具有愉快悅耳的歌詞、弦律和節奏;(B)它

們都會提到產品名稱。這樣的主題曲的結果是，除了電視廣告播放的時間之外，消費者在自己的時間中也將可提供自行產生的行爲線索，這將可導致正面的情緒體驗與該品牌名稱的結合。

另外，消費者有時候也會被與產品沒有關連的手法所逗笑，這可能是我們先前提到幽默影響消費者的時候所未考慮到的一種方式。這也就是說，消費者可能把得自某個笑話的正面情緒反應「錯誤歸因」於該產品所致。引起消費者發笑的手法甚至還可以更直接些，就像一位著名的喜劇演員最近在一則清涼飲料廣告中告訴消費者他們正在電視機前開懷大笑。

目前許多研究正在檢視人們當推論情緒體驗時典型採用的線索類別的個體差異。例如，Duncan 和 Laird(1980) 發現有些人們較受到情境線索的影響，另有些人們則較受到自行產生的行爲線索的影響。這在有關情緒的心理描述法方面可說提供了一種獨特的透視觀點。這也就是說，當推論自己的情緒體驗時，對情境線索較具感應性的消費者將較易被採用恩愛家庭畫面的廣告所影響；至於對行爲線索較具感應性的消費者將較易被採用幽默訴求（並且導致消費者當看到該產品時便發笑起來）的廣告所影響。

我們在第 5 章有關過度辯護效應和優待卷的討論中，已考慮過行爲可能影響動機的方式之一。當消費者使用可抵價優待卷購買想要的品牌時，這樣的行爲有兩個可能的原因：(A) 消費者眞的想要這個品牌（這個可能原因始終存在）；(B) 消費者因爲使用優待卷可以省錢而選購這個品牌。一旦優待卷被撤消後，歸因理論的折扣原則說明了這將會導致消費者降低對該品牌的欲望。

　　有關行為對意向的直接影響，目前所累積的證據並不
多。然而，行為被認為將會間接影響意向——透過行為對內
在歷程的影響（內在歷程接著影響意向）。例如，先前引用過
Dholakia 和 Sternthal（1977）的研究，他們在有關態度的測量
中包括了「假設性支持」（hypothetical support）這個數值。這
個有關支持性的數值實際上所估量的是某些初步形式的意
向。根據他們的研究結果，消費者購買某項產品的計畫可能
受到認知歸因原則的影響，這說明了從行為到認知，再從認
知到意向之間的間接關連。有關行為對意向的影響，我們稍
後會作較詳盡的檢視。第 12 章中（關於銷售互動），我們將探
討某些銷售手法，這些手法最初是引發消費者的某些行為，
最終導致消費者購買該產品的計畫。

二、產品生命週期

　　圖 1.1 所呈現的消費者行為之一般模式已使我們得以概
括並整合有關消費者行為的大量理論和研究。然而，「一般
模式」未直接提出一件事情是：該模式隨著時間而發生變異
的可能性。例如，我們可以合理預期，消費者對待某個相當
長期的產品類別（如，電視機）的行為必然多少不同於他們對
待某個相當近期的產品類別（如，家用電腦），雖然兩者所涉
及的可能是同樣的一般原則。

　　Howard（1977）曾在消費者行為方面提出一個相當精緻的
理論觀點。雖然這個理論觀點在許多方面類似於目前的其他
某些探討途徑（包括圖 1.1 所呈現的一般模式），但它在理論取
向上的獨特之處是清楚地併入了隨著時間而發生的變動的可
能性。我們有關消費者行為心理學的探討，可從檢視

Howard 的觀點中獲益良多。

Howard 所描述的產品生命週期的概念是指某類產品具有從最初緩慢成長、然後快速竄升，然後趨於平穩，並最後開始衰退下來的一般傾向。 Howard 之理論取向的中心主題是消費者需要經歷三個階段的「學習如何購買」（learning how to buy），這大致取決於該產品位於產品生命週期的什麼位置。圖 9.1 呈現了這個產品生命週期，以及三個階段的學習如何購買。需要注意的是，產品生命週期所指稱的可以是特定的產品，也可以是泛稱的品牌。這也就是說，圖 9.1 所描述的型態所指的是某個特定產品類別內的一種趨勢，但最終可能擴展而包括多種特定品牌。

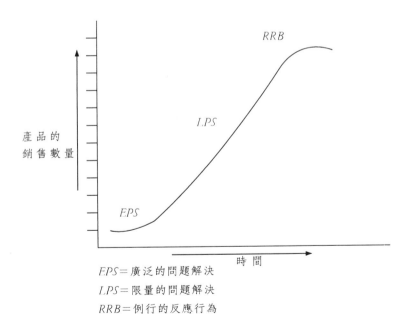

EPS＝廣泛的問題解決
LPS＝限量的問題解決
RRB＝例行的反應行為

圖 9.1　Howard（ 1977 年）的產品生命週期以及三個階段的學習如何購買

(一)三個階段的學習如何購買

最早期階段的學習如何購買稱為「廣泛的問題解決」
(extensive problem solving，簡稱 EPS)。在這個期間，消費者所面
對的是全新的產品類別。消費者需要大量的訊息來認識這個
迄今還一無所知的物體，因此相當緩慢才能做出決定。因為
未曾看過其他相似的品牌，消費者必須建構一個新的市場空
間。

第二個階段的學習如何購買稱為「限量的問題解決」
(limited problem solving，簡稱 LPS)。在這個期間，消費者所
面對的是在某個已知產品類別內的一種新品牌，因此評估品
牌的標準已經被建立好了。這也就是說，用來界定這個產品
類別之市場空間的維度已被確定了。但是在這個階段，消費
者的確需要知道有關該新品牌在這些標準上的評價的訊息，
或有關該新品牌在既有市場空間中的位置的訊息。對於這個
新品牌，消費者只需要適量的訊息，因此從事決定也只需要
適量的時間。

最後一個階段的學習如何購買稱為「例行的反應行為」
(routinized response behavior，簡稱 RRB)。在這個期間，消費
者所面對的是在熟悉的品牌之間作個選擇。至於評估品牌的
標準，以及既有品牌在這些標準上的評價都已被確定了（或
者，針對這個產品類別的市場空間已被建構好了，並所有既有品牌都
已在這個市場空間中定位了）。在這個階段，消費者只需要很少
的訊息，因此很快就可達成決定。如果價格穩定，如果產品
的品質一致，並如果貨源的供應充足，那麼消費者的行為將
會變得習慣化、自動化，顯出「品牌忠實性」。需要注意的
是，有些研究學者（如，Assael, 1981; Jacoby, 1971 ）認為品牌

忠實性與習慣性購買有所區別（前者被認為要比後者較不涉及理性的思考成分）。

上述的議論還有待進一步的認證。如同 Howard 所指出的，這種觀點並未假定所有消費者都將同時達到某個階段的學習如何購買。例如，Mittelstaedt 等人（1976）的高度感官刺激追求者以及 Robertson（1970）的創新者和早期採納者可能各自要比他們的對應同輩較早、較快進入並通過這個順序。儘管如此，對於經常購買的產品而言，這個順序似乎仍是相當逼真的描述。

這就導出了這個理論觀點的另一個可能限制。如同 Howard 所指出的，出於某些原因，重要但不常購買的產品（「耐久消費品」，consumer durables ——諸如汽車或洗衣機）可能並不適合這個型態。在這些重要採購的間隔時間中，消費者可能已忘記了選擇標準或市場空間的維度。在兩次採購之間所發生的科技變化可能導致了新產品的發明和新的產品特徵，這需要消費者重新獲得有關新產品的訊息。最後，消費者的認知、情緒和動機等等也可能在這段間隔時間中發生變化，這將需要消費者重新建構一個新的市場空間，以便統攝這些新的信念、情感和欲望等等。

儘管這些限制，探討消費者行為之基本原則隨著時間所發生的變異情形仍然深具價值。這樣的探討提供了一個背景以供我們瞭解消費者行為的不規則層面。例如，考慮當前研究對認知歷程的廣泛注重（我們在第 3 章提過），大部分這類研究可以根據 Howard 的觀點而視為是在檢視不同層面的 LPS 或 EPS。當你瞭解大部分的實徵研究為了控制消費者的過去經驗而使用新的品牌名稱或虛構的產品時，你就知道上述探討實在深具意義（Scott, 1976）。然而，因為大多數產品

最終將會脫離 EPS 和 LPS 階段，而進入 RRB 階段，因此當我們解釋消費者對已上市一段時間這類產品的行為時，上述的認知、訊息處理、以及問題解決的原則可能在適用性方面有其限制。

我們從定義上就可知道，EPS 涉及較多的知覺、認知和學習；RRB 則涉及較多的記憶、情緒和動機。Howard (1977) 已針對這些歷程，解讀並探討了大量的實徵研究（比較 Newman & Werbel, 1973 ）。這種研究取向可讓我們的理論構念以及我們試著解釋的行為都能同樣反映出時間的、歷史的變化。

三、結論：流行

這些觀念可在各種所謂的流行、時髦或狂熱的消費現象中找到一種有趣的延伸。Sproles(1974) 曾在他的流行行為論中探討這種現象，他指出一個流行的物體應該具有以下特性：(A) 這樣的物體容易變動、過時，並最終被較新的物體所取代；(B) 這樣的物體所具有的價值是建立在性質上，而非其實用功能；(C) 這樣的物體因為其新鮮性和新奇性而惹人注意。流行、時髦的例子可說不勝枚舉，在近代的美國文化中，呼拉圈、迷你裙、迷嬉裙、尼赫魯夾克、飛盤、人造纖維休閒裝、魔術方塊、Pac Man 、和 Cabbage Patch Kids 為其中較為顯著的例子──雖然也很快被遺忘（同時參閱後面的趣味欄）。

Feinberg, Mataro 和 Burroughs(1983) 曾指出，人們利用流行──特別是流行的服飾──來向他人表明並傳達自己的社會認同。這些研究人員探討名牌牛仔服飾和套裝所具有

趣味欄

Hall of Shame

Gee, your hair smells like yogurt

Not every new product can be a knock-out, like light beer or TV dinners. Of the more than 5,000 items that annually appear on supermarket shelves, as many as 80% are commercial duds. Last week marketing specialists who attended the World New Products Conference in Toronto tried to learn some lessons from an exhibit of about 900 less-than-successful items.

Many failed efforts are simply misunderstood by consumers. When Heublein put its Wine and Dine dinners on sale in the mid-1970s (price: $1.35), buyers thought they were getting a macaroni dinner along with some wine to sip. The wine was actually a salty liquid intended for use in cooking the noodles. Trading on its success with infants, Gerber tried to market such grownup fare as beef burgundy and Mediterranean vegetables. The company's mistake was to put the food in containers that looked like baby-food jars. Gerber compounded its problem by labeling the product SINGLES. Later research showed that adults generally dislike being pegged as singles who eat alone, even if they do.

Other products have sunk for a variety of unexpected reasons. In 1980 Campbell received a tepid response to its new instant soup. The product was a single serving of highly concentrated soup to which the consumer added boiling water.

Not fast enough

Baby-food image

As it happened, this was scarcely more instant than Campbell's regular soup, to which a consumer simply adds water or milk and then boils. General Foods stirred a short-lived sensation with Pop Rocks, a carbonated candy that crackled and popped when eaten. The candy was so effervescent that the company had to disprove rumors that children who swallowed the granules too fast would get a stomachful of carbonation. But the candy was nothing that youngsters could sink their teeth into, and the fad eventually lost its fizz.

A classic mistake was a shampoo test-marketed by Clairol called A Touch of Yogurt. As Robert McMath, chairman of Marketing Intelligence Service, a New York consulting group, points out, "People weren't interested in putting yogurt on their hair, despite the fact that it may be good for it. Maybe they should have called it A Touch of Glamour, with Yogurt." ■

(*Time*, 1984 October 22, p. 78. Copyright © Time Inc., reprinted by permission.)

的社會意義。他們發現，人們通常會根據個體的特殊穿著打扮來推斷其個性；一般而言，這些推斷相當準確。在某種意義上，我們之所以參與於流行可能是印象整飾和自我展現的一種手段。

對 Howard(1977) 所描述的 EPS-LPS-RRB 階段轉移而言，流行可能代表了一個重要的例外。幾乎從定義上就可知道，流行通常未能持續到足以讓 RRB（甚至於 LPS）發展出來。這說明了當消費者考慮購買某個流行物品時，可能就已處於 EPS 階段。在這同時，許多流行物品的非實用性、樂趣取向似乎指出了購買這類物品的行爲受到情緒和動機的重大影響，較不是認知的、理性的選擇。這說明了當消費者考慮購買某個流行物品時，可能就已處於 RRB 階段了。雖然流行長期以來一直是人們感興趣的主題（比較 Veblen, 1899），但流行、時髦和狂熱或許是消費者行爲中最爲有趣卻最不被瞭解的現象。

10 | 社會背景

　　社會背景（social context）所指的是正影響個體之整體的社會刺激，這可能包括真實的他人、想像的他人或隱含存在的他人（如，Baron & Byrne, 1987）。社會背景可能是由朋友、家庭成員和銷售人員所組成（雖然我們直到第 12 章才會討論到銷售人員）。社會背景也可能是由較為間接的、象徵的他人所組成，包括傑出人物、文化英雄和卡通人物等等。

　　圖 1.1 所呈現之消費者行為的一般模式把刺激情境、內在歷程、意向、行為以及它們之間的所有交互作用都統攝在這個社會背景中。本章中，我們將檢視社會背景如何影響我們先前討論的各個層面的消費者行為。首先，我們將考慮社會背景對知覺、認知、學習、情緒、動機、意向和行為的影響。接下來，我們將考慮與社會影響力有關的一些個別差異。雖然我們在第 8 章有關心理描述法中已大致考慮過這些個別差異，我們在本章將把重心放在似乎可調節社會背景對消費者之影響的個別差異上。最後，我們將考慮兩個不同來源之社會影響力的效應，這兩個來源是意見領袖和家庭成員。請記住，我們在本章的任務是在於瞭解社會背景如何影響消費者行為。

一、社會背景的效益

(一)知覺

有關社會背景對知覺的影響，我們可在 Sherif(1935) 的研究中找到一個傳統的例證。這項研究是利用所謂的「自動錯覺」(autokinetic illusion) 的知覺現象。自動錯覺也稱為似動現象(apparent motion)，它是指在暗室中注視某個孤立而靜止的光點，數秒鐘之後將會發現光點來回移動。Sherif 要求受試者單獨或集體地報告這個（似動的）光點移動的範圍。當受試者以團體的方式執行這項作業時，他們傾向於湊出某些共同知覺到的移動範圍，而每個團體所指出的範圍各有不同。這些集體產生的知覺可以一直延續到當團體已不存在之後。這也就是說，這些受試者當後來接受個別測試時仍然維持這種集體建立起來的知覺。這顯示社會背景確實影響了知覺，而不只是出於某些膚淺的行為順從。

同樣的，Foster，Pratt 和 Schwortz(1955) 要求受試者報告相同的鳳梨汁樣品之間可能的味道差異。一旦第一位團體成員指出某個樣品較甜之後，團體中的其他受試者也傾向於同意它是較甜的樣品。根據這些相當明確的研究結果，我們確信社會背景可以影響消費者是否察覺到某項產品，或影響消費者是否察覺到該產品的屬性（屬性可能事實上存在，或事實上不存在）。

(二)認知與說服

在第 4 章有關認知和說服的討論中，我們已列舉了社會

背景可能影響消費者信念的一些方式。例如，來源可靠性效應所指的是一種多少單方向的社會影響力，從說服性溝通的來源直達消費者。從 George R. Goethals(1976) 對社會影響現象之歸因論分析中，我們也可找到社會背景可能影響信念的另一種方式。Goethals 的研究工作涉及整合歸因論與社會比較論（如，Festinger, 1954; Suls & Miller, 1977），社會比較論主張個人對自己的態度和能力所作的評斷，乃是透過與其他人們的態度和能力比較之後所下的結論。Goethals 認為人們可能會尋求不同種類的比較，這取決於他們希望評斷的是信念或價值。價值是一種偏好，或是對目標物體的喜歡／不喜歡。信念是對目標物體之真正本質的一種可驗證的主張。為了說明這中間的區別，假設你正打算決定你對新上映的電影「洛基第 8 集」的正面評價是否恰當。如果你試著決定你對這部電影的喜歡是否恰當，那麼你所處理的是價值。如果你試著決定你對這部電影之技術能力的欣賞是否恰當，那麼你所處理的是信念。

假設你試著評斷的是你對這部電影的價值。如果你知道 Sally（她在興趣和背景方面都類似於你）喜歡這部電影，你將被引導而推斷你對這部電影的喜歡是正當而合理的。另一方面，如果你知道 Sally 不喜歡這部電影，這可能讓你先暫停一下，並重新評估你對這部電影的喜歡。在這個例子中，如果 Fred 在興趣和背景方面與你差異甚大，那麼 Fred 對這部新電影有什麼看法，對你而言將是無關緊要的。

另一方面，假設你試著評斷的是你對這部電影的信念。完形歸因的增值原則和折扣原則將決定一位類似（或不類似）的他人同意或不同意該信念所具有的意義。假設 Sally 同意你的信念，亦即她認為這部電影的技術效果良好。折扣原則

將導致這樣的推論：她同意你可能是因為你的信念正確，或是因為她在背景方面類似於你，這使得她也承受了相同的偏誤，而這樣的偏誤已導致了你的（可能不正確的）信念。因此，當對你的信念的同意是來自一個與你背景相似的人時，這大致上只會造成情勢曖昧不明。然而，假設 Sally 不同意你的信念，亦即她認為這部電影的技術效果差勁。增值原則將導致這樣的推論：她的背景類似於你，這應該使得她較可能同意你才對，因此她的不同意或許不是由於你的（也是她的）背景和興趣產生之偏誤所造成的結果。所以，當對你的信念的不同意是來自一個與你背景相似的人時，這將可提供相當有說服力的證據──說明你是錯誤的。

假設 Fred 同意你的信念，亦即他認為這部電影的技術效果良好。增值原則將導致這樣的推論：他的背景與你差異甚大，這應該使得他較可能不同意你才對，因此他的同意或許不是由於你的背景和興趣產生之偏誤所造成的結果。所以，當對你的信念的同意是來自一個與你背景差異甚大的人時，這將可提供相當有說服力的證據──說明你是正確的。然而，假設 Fred 不同意你的信念，亦即他認為這部電影的技術效果差勁。折扣原則將導致這樣的推論：他不同意你可能是因為你的信念不正確，或是因為他的背景與你差異甚大，這使得他承受了偏誤而導致他的（可能不正確的）信念。因此，當對你的信念的不同意是來自一個與你背景差異甚大的人時，這大致上只會造成情勢曖昧不明。

Goethals 發表了支持這個推論方向的許多研究（如，Goethals & Ebling, 1975; Goethals & Nelson, 1973; Reckman & Goethals, 1973）。這些研究成果與消費者心理學上的許多近期研究維持一致，後者是在檢視同輩團體對消費者的影響

（如，Gapella ,Schnake & Garner, 1981; Moschis, 1976; Witt, 1969; Witt & Bruce, 1970 ）。

　　社會背景的這類效應對於瞭解消費者行為的意涵可說相當筆直。如果某位消費者有興趣評估他對某項產品的信念，他可能會尋求背景相似和相異的兩者人們來進行社會比較。如果某位消費者有興趣評估他對某項產品的價值愛好，他可能會尋求背景相似的人們來進行社會比較。值得順便一提的是，Moschis(1976) 的研究指出，女性在挑選化粧品方面傾向於與她們朋友所使用的維持一致。這可能反映了依賴背景相似的他人來決定對某項產品的「喜好」（至於比較該產品的客觀品質方面，她們在評斷時大致上將會尋找相似和相異的兩者人們來進行比較）。

　　這也表示在 EPS （廣泛的問題解決，見第 9 章）期間，消費者將較為關心信念的評估，因此將會與背景相似和相異的他人作個比較；至於在 LPS （限量的問題解決）期間，消費者將較為關心價值的評估，因此將會與背景相似的他人作個比較。例如，當我們計畫購買一台家庭電腦時，我們可能將會尋求我們的朋友以及專家兩者的意見和指導。但是當我們考慮購買太陽眼鏡或某種品牌的麥片粥時，我們可能只與我們朋友的看法作個比較。

(三)學習

　　如同先前章節所概述的，社會背景至少以兩種方式影響學習。首先，觀察學習代表了某類的代替性工具制約學習。其次，古典制約學習的某些變異形式涉及替代性學習，諸如情緒反應的替代性古典制約學習，以及代替性情緒反應的古典制約學習。在每種情況中，個體透過觀察某些楷模直接地

獲得某個聯結，個體最終也間接地獲得該聯結。

當然，消費者的學習可能受到計畫性教育工作的影響，這樣的計畫性工作可能採取的形式包括對電視廣告的家庭討論，或是在家政課上討論符合效益的採購策略等等。然而，在有關消費者社會化過程的討論中，Ward(1974) 表示有目的地、有系統地訓練消費者的知識和技巧可說相當罕見。社會背景可能以本節所提的較微妙的方式而對學習產生最大的影響。

㈣情緒與動機

在前面章節有關情緒與動機的討論中，我們已較爲詳盡地探討了社會背景可能產生的效益。情緒反應的古典制約作用以及衍生性動機的獲得通常有賴於某些社會事件或交互作用。這些先前考慮的歷程事實上可做進一步延伸──當我們注意到在電視廣告中與該產品同時呈現的那些社會刺激通常都與該產品在餐桌上、在更衣室中、或在辦公室裡的畫面有所關連時。就如同個體經由觀看某項產品位於電視上的某些社會背景中而可替代性地獲得某種聯結一樣；個體經由觀看朋友、親戚或同事享受某項產品（情緒）或滿足對該產品的需求時（動機），個體也可替代性地獲得某種聯結。

另一種可能性是，他人的在場可能本身就足以促進情緒反應以及／或者衍生性動機的獲得。有些研究人員（如，Cottrell, 1972; Geen & Bushman, 1987; Sanders & Baron, 1975; Zajonc, 1965 ）已指出，他人在場可以提高個體生理興奮的水平。如同我們在第 6 章有關情緒的討論中提到的，許多研究顯示，在興奮的狀態下，古典制約反應的獲得較快，消弱則較慢。這表示如果個別與一群人們重複地觀看某個特定廣

告，而不是一個人獨自觀看，那麼古典制約的情緒反應以及後天學得的衍生性動機將較可能被建立起來。如果這個推論方向正確的話，這將表示（所有其他條件都維持固定的話）如果情緒制約的電視廣告選在消費者聚集的時間和地點（例如，選在車站、或選在電視節目的黃金時段）播放的話，如此將可達到最大的效果。

最後，我們已討論過社會背景可能影響情緒反應的另一種方式。我們在第 6 章討論過 Schachter 和 Singer（1962）關於情緒體驗的二因論。這個二因論主張，情緒體驗是根據與某些情緒體驗維持一致的線索來解釋自己的生理興奮所得的結果。例如，當有一位迷人的異性在場時，你可能把自己的生理興奮解釋爲「愛情」。有時候，其他人們可能提供線索來幫助我們把自己的生理興奮解釋爲是針對某項產品的反應。假設你的朋友讓你品嘗新上市的羅卡可樂，而這種可樂剛好含有激發生理興奮的咖啡因。如果當咖啡因開始在你的血管中循流時，你的朋友也剛好開始稱讚這種新上市的飲料，你可能就會利用這個稱讚來把咖啡因所引起你的生理興奮解釋爲「享樂」或「愉快」。像咖啡、清涼飲料和巧克力這類產品都含有生理興奮劑，這使得我們容易把咖啡因引起的生理興奮錯誤歸因於是這類產品的品質。最近流行的不含咖啡因的清涼飲料對於減除對生理興奮的這類錯誤歸因以及減除這對產品評價的不當影響可能具有非預期的長期效果。

㈤意向

在第 8 章中，意向被描述爲是先前所討論之各種內在歷程及這些歷程之間交互作用的結果。因此，前面有關社會背景如何影響知覺、認知、和情緒等等的討論，也就意味著社

會背景將會間接影響意向。此外， Capretta ， Moore 和 Rossiter(1973) 所執行的一項研究也直接提出了社會背景對意向的影響。在這項研究中，研究者發現某些食物被認爲具有陰性的含意（例如，軟乾酪、桃子），另有些食物則被認爲具有陽性的含意（例如，牛排、洋蔥）。他們的報告指出，有些青春期的男孩子不太願意嘗試具有陰性含意的食物，特別是當有其他男孩子在場時。這表示除了（或儘管）內在歷程可能影響意向之外，社會背景也可能影響個體的意向。

㈥行爲

假定中，社會背景發揮它對行爲的影響多少是間接的。這也就是說，社會背景是透過對內在歷程和意向的影響而影響了行爲。然而，有些令人頗感興趣的研究檢驗了社會背景的效應，這些研究只測量各種類型的行爲，卻未測量任何內在歷程。這些研究者並不試著操作性界定任何類型的內在歷程，他們只著重於推敲行爲變化的基本機制。儘管如此，這些研究在某種程度上確實揭露了社會背景對行爲的廣泛影響。

例如， Duncker(1938) 要求兒童們從 6 種食物中進行挑選；有些兒童獨自執行這個挑選食物的行爲，另有些兒童則是成對執行。結果發現當兒童獨立地從事挑選時，大約有 25 ％的選擇是相同的；然而當兒童成對從事挑選時，大約有 81 ％的選擇是相同的。 Marinho(1942) 執行一項追蹤研究，他發現兒童們的選擇受到第一位兒童的選擇所影響，並即使當第一位兒童已不在場時，這些受到「社會影響」的選擇仍然持續下去（特別是那些原先對於食物選擇沒有明確偏好的兒童）。這類影響也可能發生在當我們與其他人們一起購物時。例

如，Granbois(1968)發現當個別的購物者不是獨自購物，而是與他人一起逛街時，他們通常逛較多的商店，並購買較多非計畫中的商品。

Bourne(1956)檢視了消費者對於使用某項產品對健康的影響的信念與他們朋友使用該產品情形之間的交互作用。果然不出意料之外，他發現消費者較傾向於使用他們相信對健康有良好影響的產品，並較不傾向於使用他們相信對健康有不良影響的產品。然而，消費者的這種信念的影響力將會因為他們朋友使用該產品的情形而有所調節。這也就是說，即使某項產品對健康有良好影響，但如果消費者的朋友都未使用該產品，這將使消費者也較不可能使用該產品（比起當消費者的朋友也使用該產品的情況下）。同樣的，即使某項產品對健康有不良影響，但如果消費者的朋友都使用該產品，這將使消費者較可能也使用該產品（比起當消費者的朋友都未使用該產品的情況下）。因此，青少年即使知道抽煙將會危害他的健康，但如果他的一些朋友都抽煙，這可能使得他也開始抽煙。

一般而言，研究證據顯示社會背景對消費者行為具有廣泛的影響（如，Newman & Staelin, 1973; Robertson, 1971; Ward, 1974）。其他人們可能影響消費者的意識、信念、聯想、感情、欲望、意向和行為。我們現在可以考慮進一步例證社會背景之影響力的幾個獨特現象。

二、與社會背景有關的個別差異

有許多心理維度可能影響社會背景，或是可能與社會背景的影響產生交互作用。這些心理維度通常被視為是各種的

人格類型，每種人格類型在個體的知覺、認知、學習、記憶、情緒和動機歷程的運作之中將會反映出基本的一致性。我們在第 8 章討論過心理描述法，這裡我們利用這些維度來把消費者區分和聚合爲不同的次級團體，可說爲心理描述法提供了進一步的示例。不論如何，因爲它們對社會背景具有特殊重要性，我們以下將考慮幾個有關個別差異的例子。

㈠順從型—攻擊型—冷淡型的人格類型

人格心理學家 Karen Horney (1945) 提出了一個人際關係方面的人格分類模式。根據這個模式，我們可把人們分爲順從型（附合他人）、攻擊型（反對他人）或冷淡型（脫離他人）。Cohen (1967) 後來發展出一套測量工具，可用來辨認人們在人際關係方面的人格類型，進而可以檢視出隨著這套測量工具而共變的使用產品的行爲型態。根據他的研究報告，順從型的消費者要比其他類型的消費者較可能使用漱口藥水和除臭香皂；攻擊型消費者較可能使用機械式刮鬍刀（而非電動式）；冷淡型消費者較可能飲用茶類。

這個心理維度似乎反映了個體對他的社會背景所採取的姿態。從這種角度來看，這些使用產品的行爲型態可能有助於個體接近他的社會背景。例如，順從型消費者使用漱口藥水和除臭香皂應該是相當合理的事情，因爲使用這樣的產品（假設上）將有助於他們接近並迎合人們。這些人格類型並不被認爲凌駕於所有的知覺、認知和學習等等的效應之上。然而，這些人格類型可被視爲社會背景的決定因素，有助於調節知覺、認知和學習等等的影響力。

(二)社會性格

　　Riesman(1950) 曾描述內在導向(inner-directed)的人們與他人導向(other-directed)的人們之間的差異。內在導向的人們利用內在標準來引導他們的行為，他人導向的人們則依賴他人的指示和指導。 Mizerski 和 Settle(1979) 曾報告內在導向消費者與他人導向消費者之間的某些差異。例如，內在導向的消費者要比他人導向的消費者較不受廣告的影響。此外，當消費者希望取得有關某項產品的更多訊息時，他人導向的消費者偏好社會訊息，諸如有關現有款式的訊息；內在導向的消費者則偏好客觀的訊息，諸如有關產品構造的訊息。這些發現類似於我們先前討論心理描述法時曾引用的 Becherer 和 Richard(1978) 的研究報告。 Becherer 和 Richard 發現，高度自我監察者（可比擬於 Mizerski 和 Settle 之他人導向的消費者）要比低度自我監察者（可比擬於內在導向的消費者）較易受到環境線索的影響。因此，個體對社會背景中的訊息和指示的依賴程度可能決定他對產品的反應。

(三)尚權主義／教條主義

　　尚權主義(authoritarianism)時指個體願意接納和認同社會上既存的權威來源(Adorno, Frenkel-Brunswik, Levinson & Sanford, 1950)。教條主義(dogmatism)是指個體當面臨曖昧、不確定的情境時傾向於感到不舒適，這時候他往往願意接受有威望的說服性溝通(Rokeach, 1968)。大量的研究都支持這樣的推論：尚權主義／教條主義的人們要比他們平等主義／非獨斷主義的同輩較可能屈服於影響力（如， Crutchfield, 1955; Hartley, 1968; Vidulich & Kaiman, 1961 ）。

應用於消費者行為上，當產品被廣告、參考團體的標準等等界定為「適切的」時，尚權主義／教條主義的消費者較可能購買這樣的產品。在檢驗這個個別差異的維度的一項研究中，Blake，Perloff 和 Heslin（1970）發現高度教條主義的消費者較傾向於喜歡新近上市的產品勝過舊有的產品；此外，高度教條主義的消費者對新近上市產品的偏好也要勝過低度教條主義的消費者。這或許是因為當接收到廣告中聲稱某項產品的適切性之後，教條主義的消費者要比其他消費者較早展開 EPS-LPS-RRB 的程序（參考第 9 章）。

上述研究檢驗了與社會背景有關之各種個別差異可能產生的影響；根據這些研究，我們大致瞭解社會背景對消費者所可能產生的影響範圍。消費者接近社會背景的一般方式（如，順從型、攻擊型和冷淡型的人格風格）、消費者對社會背景中的訊息的依賴程度（社會性格），以及消費者對社會背景所界定之適切性的接納程度（尚權主義／教條主義）都可能影響消費者行為。這些個別差異因為代表了個體之間在有關內在歷程之感應性方面的一致差異，因而有其基本重要性。此外，這些有關個別差異的研究也突顯了社會背景對於不同消費者在影響強度上的差異。

三、意見領袖

為了瞭解何謂意見領袖，以及意見領袖具有何種影響力，請先考慮不同人際溝通模式之間的一項基本區分（參考 Katz, 1957）。單步驟流程的溝通模式（圖 10.1a）主張製造商把商品信息傳給每一位個別的消費者。這裡的假設是該信息將會在每一位消費者的內在歷程中引起回響，並有希望導致

　　某些購買行爲。在這個模式中，消費者之間似乎未發生任何
的互動或交換。

　　雙步驟流程的溝通模式（圖 10.1b ）主張製造商把商品信
息傳給每一位個別的消費者。然而，該信息被某些消費者所
接收和處理（例如，圖 10.1b 中的 A, C, 和 D 消費者），但未被所
有消費者所接收和處理了該信息的消費者中，有些可能透過
口述的方式把該信息傳給其他消費者（例如，C 消費者把該信息
傳給 B 和 D 消費者）。

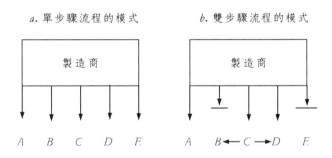

a. 單步驟流程的模式　　　　　*b.* 雙步驟流程的模式

註：①字母 *A, B, C, D* 和 *F* 代表消費者。
　　②垂直線代表從製造商到消費者的溝通（例如，廣告）。
　　③水平線代表消費者之間的溝通（例如，口述的信息）。

圖 10.1　單步驟流程的溝通模式與雙步驟流程的溝通模式二
　　　　　者的圖解 (Katz, 1957)

　　消費者之間這種口頭傳遞的訊息已被稱之爲口傳的信息
(word-of-mouth)。這個口傳的信息本身已成爲刺激情境的一個
要素，而消費者則是這種口傳信息的接受者（例如，B 和 D 消
費者）。口傳的信息在功能上可以提供新訊息給那些先前未

曾處理該信息的消費者（例如，B消費者）。口傳的信息也可以提供重複的訊息給那些先前已處理過該信息的消費者（例如，D消費者）。Cox(1961)稱這種多重暴露於說服性訴求的情況為互補性強化（complementary reinforcement）。在這樣的脈絡中，意見領袖可被界定為從事這類產品訊息之口頭傳遞的個體（例如，C消費者）。把意見領袖作這樣的概念界定可說符合下面的這句格言，「最佳的推銷員就是一位快樂的消費者」。Arndt(1968)曾指出，消費者並不總是被動地接受來自意見領袖的訊息，他們也經常主動地尋求來自意見領袖的訊息。

當然，製造商的最大興趣是如何利用意見領袖。這方面的程序是首先找出意見領袖，然後傳達給他們特定的溝通訊息（有時候被稱之為「來福槍」的方法），最後再透過意見領袖把那些訊息傳遞給所有消費者（有時候被稱之為「散彈槍」的方法），這可以進一步補充所推出的廣告活動。如同Robertson(1971)所指出的，這可能不是一件簡單的工作，但長期下來必然可以發揮功效。另外，當找出意見領袖之後，製造商也可以提供免費樣品給他們，這有助於促使他們以有利於製造商的方向影響其他消費者。

有兩種不同方法可以確認出意見領袖，其中一種是試圖找出使得意見領袖有所別於其他消費者的基本特徵。例如，Reynolds和Darden（1971）發現，意見領袖通常對於自己對產品的評價較有自信，他們通常也較為社交主動。Tigert和Arnold(1970)則發現，意見領袖往往參與較多的社團和社區事物，他們較具有價格意識，也較具有流行意識。Engel，Kollat和Blackwell(1969)以及Summers(1970)則發現，對於所感興趣的產品領域，意見領袖較可能去閱讀這方面的雜誌

（例如，汽車雜誌、時裝雜誌）（同時比較 Rogers & Shoemaker, 1971）。這表示我們或許可以設計一個量表來測量社交活躍性、價格／流行意識、雜誌的訂購等等，以便辨識出意見領袖。有些研究學者（如，Assael, 1981）主張這樣的測量工具或許無法成功，因為意見領袖可能傾向於只在有限的特定主題（或領域）上是個領導者。Childers(1986) 已成功地發展出一套測量意見領袖的工具，它就併入了產品特定性(product specificity)這個維度。某種產品類別的意見領袖的典型特徵是他們經常告訴鄰居們關該類產品的許多事情，他們容易使他人相信自己的想法（而不是傾聽他人的想法），他們提供他人有關該類產品的各種訊息。

另一種辨識意見領袖的方法是透過應用社會關係圖和網路分析(sociograms and network analysis)。這些社會學的方法利用圖表描繪出某個團體的成員之間交互作用、交互影響的型態。例如，Menzel 和 Katz(1955) 探訪新英格蘭地區的許多醫生們，請他們指出他們最常交往、互動的其他醫生，就這樣辨識出該地區醫學界的意見領袖。換句話說，在這些「社會計量選擇」(sociometric choices)上得到最高指數的醫生就被推為是該團體的意見領袖。Coleman, Kanz 和 Menzel(1966) 實際收集進一步的證據，結果顯示這樣的醫生確實較具影響力，在功能上可作為意見領袖。

假定意見領袖可被辨識出來，但是利用意見領袖是否有效的問題依然存在。我們再度引用來自醫學界的一個例子，它指出藥商曾為了推銷 thalidomide（1950 年代後期用來減輕孕婦晨吐的一種藥物，但可能造成胎兒的嚴重畸形）而尋求和利用意見領袖。在有關參議院小組委員會已著手調查這種藥物的報導中，有一家報紙指出，藥商為了促使醫生之間普遍採用

這種藥物，曾發給手下的推銷員一份重要醫生的名單，報紙上對這件事情的評論是：「推銷員一再被慫恿去挑選有影響力的醫生——設法讓這些醫生採用該藥物。然後理論上他們將接著影響其他的醫生同業」（McCartney, 1963, p.1）。這種藥物處方在當時被廣泛採用（雖然只是短暫的，並釀成了悲劇）多少證實了利用意見領袖作為免費推銷員的潛在效益。

Whyte(1954) 曾探討空氣調節器在費城郊外某個新開發社區中的增殖情形（請注意，空氣調節器在那個時候還是一種相當新穎的發明）。他發現空氣調節器的分布通常集中在街道的一邊，相鄰的許多戶家庭都採購了該產品；但對街可能連一部空氣調節器都沒有。有鑑於社區交往是沿著街道上下而行，而不是橫越街道，Whyte 把這種採購型態歸因於「口傳訊息的交織傳送」。我們可以想像，一位創新者／意見領袖率先採購了這項新產品，這在互有往來的鄰居（例如，居住在街道同一邊的鄰居）之間引起了採購該產品的連鎖反應。

較近期的實徵研究也都支持這類社會影響力的有效性。例如，Arndt（1967）發現接收到正面口傳訊息的消費者要比接收到負面口傳訊息的消費者較可能購買新上市的食品。同樣的，我們選擇某位醫生的最重要原因大致上是出於朋友或親戚的推薦（Blackwell, Engel & Talarzyk ,1977）。

四、家庭成員的互動

Davis(1976) 曾討論近期針對家庭決策所做的研究，並檢視了各種類型的決策策略。Davis 和 Rigaux(1974) 以一個雙維度的圖示來說明丈夫與妻子的決策，如圖 10.2 所示。這個模式根據丈夫和妻子傾向於如何從事他們的決策來檢定不同

類別的產品。組成這個圖式的兩個維度是：（A）夫妻的相對
影響力（丈夫可做決定、妻子可做決定，或是丈夫和妻子共同做決
定）；（B）角色整合的程度（或是家庭中共同做下決定的比率）。
這就導致了四種類型的決策。

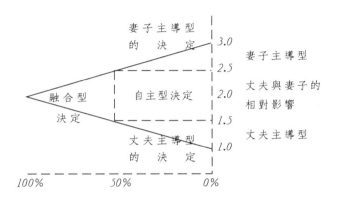

圖 10.2　丈夫和妻子之決策的雙維度圖式（根據 Davis 和
　　　　　Rigaux，1974）

　　妻子主導的決定所涉及的是在大部分家庭中較可能由妻
子做決定的產品類型，諸如廚房用品或食物。丈夫主導的決
定所涉及的是在大部分家庭中較可能由丈夫做決定的產品類
型，諸如保險。自主的決定所涉及的是妻子或丈夫較可能獨
立決定的產品類型，雖然做決定的人將隨著所牽涉的個體不
同而異，諸如電化用具或酒精飲料。最後，融合的決定所涉
及的是丈夫和妻子較可能共同做決定的產品類型，諸如房屋
或假期計畫。

　　雖然這些舉例看來似乎有些「性別歧視」的意味，但我

們有必要記位一件事情：這些類型並不是指研究人員認為應
該發生什麼事情，這些類型只在描述典型發生的事情。我們
不應該根據這組舉例而推斷購買保險與某些先天的男性氣概
有關，或是購買廚房用品與某些先天的女性氣質有關。
Cunningham 和 Green(1974) 也觀察到類似的決策類型。
Burns 和 Granbois(1977) 發現到，丈夫與妻子之間在消費方
面的衝突可在下列情況下大為減低：如果夫妻事先已授權給
對方購物的決定，如果夫妻之一與該決策的結果較有關連，
並如果夫妻之一較具同理心的話（也就是對他人的需求敏感）。

在某些文化中，或在某些時間中，這些決策類型或許有
助於區分何種類型的產品在丈夫與妻子從事決定時將會在他
們之間發生何種程度的互動。如果能夠確認某項產品落在這
四種決策類型中的那一種，製造商就可以特別針對妻子、丈
夫、或妻子和丈夫兩者而量身定製適合的廣告。製造商也可
以利用這些資料來選擇最適當的媒體管道（例如，肥皂劇時段
的電視廣告，足球轉播時段的電視廣告，或是晚間新聞時段的電視廣
告）。

在消費者行為的背景中，已有大量研究投入於探討父母
與子女之間的互動。有些研究著重於探討兒童（作為發展中的
消費者）受到他們父母影響的範圍。例如，Parsons，Bales
和 Shils(1953) 以及 Riesman 和 Roseborough(1955) 的研究顯
示，當涉及購買行為的理性層面時，兒童最受到他們父母的
影響；當涉及購買行為之表達的、情感的層面時，兒童最受
到他們朋友的影響。根據我們先前討論的歷程，在引導兒童
的購物行為方面，父母可能在兒童的認知歷程上較具影響
力，同輩團體則在兒童的情緒歷程（並或許動機歷程）上較具
影響力。從這樣的推論來看，Moschis 和 Moore(1979) 的研

究結果就相當令人感到興趣。他們檢視青少年消費者決策型態，結果顯示父母通常是青少年在有關產品訊息和購買訊息方面較喜歡的來源；特別是在價格和性能是關鍵性屬性的產品上（例如，手錶和口袋型計算機），情況更是如此。然而，對於社交接納是關鍵性屬性的產品而言（例如，太陽眼鏡），青少年偏好以同伴作為訊息來源的情況將會實質上升。這可能反映了社會背景的特定層面對特定內在歷程的差別影響。

在有關父母—子女互動關係的探討上，有些研究已考慮到父母（作為消費者）也可能受到他們子女的影響（如，Berey & Pollay, 1968; Heslop & Ryans, 1980; Kanti, Rao & Sheikh, 1978）。有項研究（Atkin, 1978a）試著觀察在購買早餐的麥片粥方面父母與子女的互動情形。研究人員總共觀察了 516 個案例，所得結果如圖 10.3 所示。請注意最常見的兩種情節：(A) 兒童要求某種品牌的麥片粥，父母也讓步了（30 %）；(B) 父母徵求兒童選擇品牌，兒童選定了，父母也同意該選擇（19 %）。不論是父母或兒童首先發起該選擇，兒童似乎主導這項產品的品牌選擇。然而，人們或許會質疑 Atkin(1978a) 的資料所反映的是兒童對某種品牌的要求，或是兒童對過去一直購買的某種品牌的預期（或許以一種獨斷的方式）。Ward 和 Wackman(1972) 也提出有 87 % 的受訪母親應予他們子女對某種品牌麥片粥的要求。兒童似乎可以對他們父母發揮絕大影響力的產品還包括遊戲、玩具、以及零食。

為了回應「商業促進協會兒童廣告評議中心」以及「聯邦商業委員會」的關切，近期有大量的研究是針對於檢視商業廣告對兒童的影響。例如，有些研究指出，較年幼的兒童可能無法分辨電視節目與電視廣告的差別（如，Butter，Popovich, Stockhouse & Garner, 1981; Robertson & Rossiter, 1974;

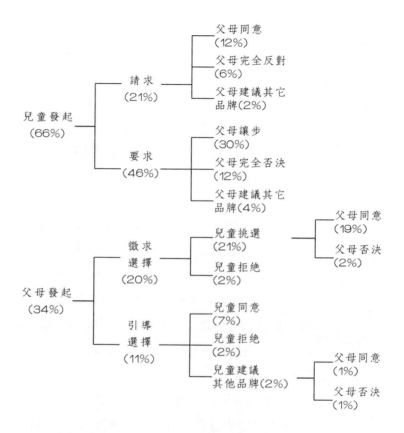

10.3 在有關麥片粥的品牌選擇上，516 組父母——子女的互動結果（根據 Atkin, 1978a）。

Rossiter, 1979）。兒童似乎偏好使用肢體動作、幽默、美好音樂、或卡通，再加上他們已經擁有的產品的廣告，而且他們把這種廣告視為訊息性的，而不是說服性的（如，Robertson & Rossiter, 1974; Rust & Watkins, 1975; Ward, 1972）。商業廣告似乎確實影響兒童的喜好和購物決定（如，Frideres, 1973; Goldberg & Gorn, 1978; Gorn & Goldberg, 1980; Rossiter, 1979），雖然我們目前還不清楚廣告對兒童的這些影響要比對成人的

影響來得有多嚴重。

五、結論：你到底聽誰的：電視或你的母親

「全國廣播電視法」（1976）以及「商業促進協會兒童廣告評議中心」（1977）兩者都禁止製造商透過廣告慫恿兒童要求他們父母購買某些東西。然而，我們應該不致於訝異，廣告已成為兒童消費者獲得產品訊息的主要來源。例如，許多研究不斷指出兒童觀看電視廣告的數量與兒童要求購買聖誕禮物（Robertson & Rossiter, 1976）、食品（Clancy-Hepburn, 1974）、玩具和麥片粥（Atkin, 1975a）、以及成藥（Robertson, Rossiter & Gleason, 1979）之間具有正相關。Kanti, Rao 和 Sheikh（1978）的研究顯示，對於稍具吸引力的玩具而言，母親提供的訊息確實可以適度影響兒童對該玩具的評價，但是對於在電視廣告中被描繪成極具吸引力的玩具而言，母親則無法影響兒童的評價。

父母有多常屈服於兒童的要求而去購買某項產品呢？我們先前有關父母——子女互動情形的討論，說明了有相當高比例的父母屈服於兒童購買麥片粥的要求。然而，研究顯示，父母在 63 ％的時機中屈服於兒童購買零食的要求，玩具和遊戲的時機是 54 ％，牙膏是 39 ％，洗髮精是 16 ％，寵物食品是 7 ％（Ward & Wackman, 1972），聖誕禮物是 43 ％（Robertson & Rossiter, 1976）。因此，父母屈服於兒童購物要求的程度不但取決於產品類別，也可能取決於兒童直接涉入該產品的程度。

Atkin（1975b）曾指出，兒童接觸電視廣告對於父母——子女之間的衝突沒有直接影響。然而，廣告對於衝突可能具

有間接影響——透過廣告影響了兒童提出購物要求的頻繁程度。隨著兒童觀愈多的電視廣告，兒童可能提出愈多的購物要求。在大多數中下階級的家庭中，兒童提出的購物要求愈多，就有愈多的購物要求將遭到否決（因為就家庭經濟而言，可用在這方面的支出相當有限）。 Atkin 發現到，在他的樣本中，當所提出的購買玩具的要求被否決後， 50 ％的兒童有時候或大部分時候會與他們母親有所爭辯， 60 ％的兒童則有時候或大部分時候發起脾氣（生氣起來）。 Goldberg 和 Gorn(1978) 也曾提出類似的觀察報告。因為父母勢必要控制家庭的財源，所以母親通常將會戰勝電視。然而，隨著兒童接觸愈來愈多的電視廣告，這似乎將導致他們愈來愈不能滿足。

11 文化背景

　　文化背景（cultural context）可被界定爲使得某個社會有所區別於其他社會之風俗、藝術、科學、宗教、政治和經濟的總合，這將會影響個別消費者的行爲。次文化（subculture）通常被界定爲持有一種共同認同感的某類人們，而這種認同感與整體文化的有所分別。這種共有的認同感可能源於一套共同的價值，源於共同的歷史、或源於社會人口統計學屬性上的某些相似性。需要注意的是，次文化與主文化之間的關係是同中有異，各個次文化之間的關係是異中有同。因此，次文化並非主文化之外的另一種文化，只是主文化之內因爲不同地區、不同職業、不同宗教、或不同年齡等因素造成生活方式上的分殊現象而已。社會階級可能是消費者心理學家最常應用到的一種次文化，至於我們用來區分各種社會階級的屬性則是社會利益（例如，影響力、名望、收入）的相對高低。

　　我們可透過三種基本方法來度量社會階級。「聲望法」（reputational method）要求人們把所熟悉的他人加以分類或分級。例如，Warner 和 Lunt（1941）利用這種方法建立起六種一般的社會階級。主觀的方法（subjective method）要求人們對自己加以分類或分級。例如，Morris 和 Jeffries（1970）要求人們把自己安置在 Warner 和 Lunt（1941）之六種社會階級中的一種。最後，客觀的方法（objective method）根據人們在各種客觀標準（例如，職業、教育程度、住所、收入等等）上的立足點來對人們進行分類。例如，Hollingshead 和 Redlich（1958）透

過合計職業（權數＝９），住所（權數＝６），以及收入（權數
＝５）的加權分數而建立起五種主要的社會階級。這些方法
都得到類似的，但不完全相同的結果。例如，針對方才引用
的那三種例示的研究，表 11.1 呈現了落在每種社會階級中的
人口百分比。

表 11.1　度量社會階級之三種基本方法的比較

社會階級	聲望 (Warner & Lunt, 1941)		主觀 (Morris & Jeffries, 1970)		客觀 (Redlich & Hollingshead, 1958)	
高	高上	1.4%	高上	3.0%	I	3.4%
	高下	1.6%	高下	22.0%	II	9.0%
	中上	10.2%	中上	50.0%	III	21.4%
	中下	28.1%	中下	5.0%	IV	48.5%
低	低上	32.6%	低上	16.0%	V	17.7%
	低下	25.2%	低下	2.0%		

註：這裡的百分比是指樣本中被歸類在每種社會階級的人數比例

　　在檢視文化、次文化和社會階級對消費者的影響時，我
們可以逐一論述它們的構成概念。然而，我們在本章中將集
體地檢視這三個層面的文化背景。請記住，我們在本章的任
務是瞭解文化背景如何影響消費者行為。

一、文化背景對消費者的影響

(一)知覺

　　有關探討文化背景對知覺的影響，其中一個方式是檢視
刺激情境在不同文化中的變異情形。雖然刺激的呈現並不擔

保可以引起知覺（我們在第 2 章提過），但如果某些刺激本身就較不常出現，對這樣的刺激的知覺可能也就較少發生。例如，考慮一下電視和報紙之普遍性在不同文化中的變異情形——我們知道，電視和報紙是消費者獲得訊息的兩個重要來源（比較 Moschis & Moore, 1979）。請參閱表 11.2，它指出美國人擁有相對最高比例的電視機（平均每 1000 人擁有 571 台，或是大約每兩個人就擁有一台）。另一方面，美國人擁有相對適度比例的報紙（平均每 1000 人擁有 293 份，或是大約每 3 個人擁有一份）。當這些數值同日本人相較之下，日本人大約每 4 個人擁有一台電視機，每兩個人擁有一份報紙。這些數值顯示了在接觸與產品有關連的訊息方面，兩者在主要形態上具有文化差異。在電視要比報紙來得盛行的國家或文化中，製造商可能較能夠吸引消費者的注意力（透過聲音、動作和色彩的應用）——比起報紙要比電視機來得盛行的國家或文化。

至於社會階級方面，一般性的研究發現可以摘要如下：上層階級的消費者傾向於購買較多份報紙，也閱讀了較多他們所買的報紙，並較少觀看電視；中產階級的消費者較喜歡購買早報，並適量地觀看電視；低層階級的消費者較喜歡購買晚報，並經常觀看電視（Levy, 1966; Levy & Glick, 1962）。再度地，這反映了文化背景對知覺的間接影響——透過文化背景影響了消費者經由何種形態接觸與產品有關連的訊息，進而影響了消費者的知覺。

不論如何，有關文化對知覺的影響，這些都屬於相對間接的方法。我們在第 2 章（知覺）已描述過對這類影響的一種較直接的檢驗。Adams（1920）發現到，對說英語的受試者而言，印刷品的左側要比右側獲得較多注意力。Yamanke（1962）則發現，對說日語的受試者而言，印刷品的右側要比

左側獲得較多的注意力。當我們考慮到每種語言是從印刷紙張上的何處先動筆寫字時（英語是左上角，日語是右上角），上述的差異將完全可以理解。這種微妙的文化差異可以導引消費者的注意力朝向或遠離刺激情境中與產品有關連的成分。有關文化背景對認知的影響，人類學家兼語言學家 Benjamin Whorf(1956) 在他的語言相對性假說中曾具體描述其中一種途徑：語言習慣的差異可能引起非語言行為（諸如思想）的差異。許多研究檢驗了語言相對性假說 (linguistic relativity hypothesis)，所得的證據顯示 Whorf 可能誇大了語言對思考的影響力（如，Berlin & Kay, 1969; Rosch, 1975）。儘管如此，思考（認知）與語言（文化）之間仍有著複雜的交互關連。

例如，從廣告商試著把產品口號從某種文化轉譯為另一種文化的過程中，許多有趣的障礙之處已逐漸浮現。例如，百事可樂幾年前的口號，「隨著百事可樂一起活力充沛」卻在其他語言中被翻譯為，「隨著百事可樂走出墳墓」，以及「百事可樂可將你的祖先從墳墓中帶回來」。毫無疑問地，原來口號的「精神」已在翻譯過程中完全喪失。在 Ricks，Arpan，和 Fu(1975) 一本題為《國際事務失策》（International Business Blunders) 的書中，他們也描述了許多同樣的疑難。有一種技術是針對來減除這些疑難，稱為「逆向翻譯」(back-translation)。這種技術需要許多語言專家獨立地翻譯不同版本的產品口號，首先從原來語言轉譯為新語言，然後再逆向轉譯為原來語言，（由其他的語言專家獨立執行），以便能夠掌握這些語意上的雙關語或俏皮話（參閱後頭的趣味欄）。

趣味欄

AP Laserphoto

Photograph is taken from a television screen of a Pepsi-Cola commercial being aired for the first time on Soviet TV by a U.S. company. Slogan besides the Pepsi logo reads: "The new generation chooses Pepsi".

U.S.-made TV ads shown comrades

State-run Soviet network runs first paid commercials

By Andrew Katell
The Associated Press

MOSCOW — Madison Avenue is speaking to the socialist masses with Soviet TV showing commercials that featured bottles of Pepsi-Cola popping their tops to the riffs of rock music.

Sony TV sets and Visa credit cards are also flashing across the screens to millions of viewers during the late-evening in a five-part series on life in the United States.

They were the first paid commercials on staid, state-run Soviet TV, and they came in advance of President Reagan's visit to Moscow later this month.

Each company had one brief advertisement on the hour-long program, which premiered Tuesday night featuring commentator Vladimir Posner interviewing a panel of Americans in Seattle about life in the United States.

The ads broke clumsily without explanation into the show, titled "Posner in America."

Pepsi's ad showed a group of young people looking for a way to open several bottles of Pepsi, a drink that has been available in the Soviet Union for almost 30 years. When no bottle opener appeared, a red-headed guitarist pops them open with a long riff from his guitar and the screen proclaimed in Russian: "The new generation chooses Pepsi."

Sony and Visa got their chance around midnight Moscow time, about five minutes before the program ended.

Visa showed athletes preparing for the Summer Olympics in Seoul, South Korea, and told viewers its credit card was good in any country in the world. Sony promoted the quality of its electronics products.

But Sony electronics products and Visa cards aren't available to the average Soviet consumer.

"I expect we might get some angry letters from people saying, 'Why are you advertising Sony TVs when we can't buy any,'" Posner had said earlier this month at a news conference announcing his series.

The colorful, fast-paced commercials contrast sharply with most programming on Soviet television. Two of Pepsi's commercials to be shown during the week feature pop star Michael Jackson, who is well-known to Soviet youth from music videos shown occasionally on TV here and recordings that circulate unofficially.

One commercial has Jackson dancing and singing his hit song "Bad." Another ends with a shot of U.S. and Soviet flags accompanied by Pepsi labels in Russian and English.

Posner said the commercials aren't being shown on Soviet TV for consumer sales — at least not right away.

In the West, commercials try to get consumers to buy one company's product over a competitor's, but in the Soviet Union, there's no need to stimulate demand because consumer goods are in short supply, Posner said.

Officials refused to disclose how much money the advertisers were paying for air time, but reports in the United States said the Soviet broadcast agency Gostelradio received $10,000 for each 30-second ad.

Soviet TV already features infrequent homemade commercials that advertise shoes, shortwave radios and personal stereos, but the products they pitch aren't always available.

Western commercials have been seen previously on Soviet television during "space bridges" — international satellite television programs involving discussions between Americans and Soviets — but the advertisers did not pay Soviet television for that air time.

Posner said his program's audience was expected to be about 120 million people.

(Reprinted with permission of the Associated Press.)

表 11.2　每 1000 人中擁有電視機和報紙的人數（大約 1977 年，摘自 Heron House, 1978 ）。

國　　家	每 1000 人中擁有電視機的人數	每 1000 人中擁有報紙的人數
美　　國	571	293
加拿大	366	235
英　　國	315	443
澳地利	297	308
比利時	252	247
丹　　麥	308	355
法　　國	235	220
西　　德	305	289
愛爾蘭	178	236
義大利	213	526
日　　本	233	526
挪　　威	256	391
西班牙	179	96

(二)認知、記憶和說服

　　一般而言，文化背景已被證實將會影響個體對共同事物的信念。例如，Dennis(1957) 發現美國兒童與黎巴嫩兒童之間對於下列問題有著不同的應答，「_____ 有何用處？」，空白處可以填上諸如貓、手、樹木或沙子等等事物。如果不同文化對某項產品的功能持有不同的信念，那麼我們可以預期，從小就置身於這兩種不同文化背景將會對該產品的性質持有不同的信念。例如，住在溫帶都會區的美國居民可能會認爲好的飲料應該是一種可以使你「精力充沛」的飲料，至於住在沙漠偏遠地區的阿拉伯人則可能認爲好的飲料應該是一種可以「解渴」的飲料。

　　文化背景對認知的影響的另一個例子是：社會階級似乎

決定了價格與品質之間假設性關係的發展（參考第 3 章的討論）。Fry 和 Siller（1970）發現低層階級的消費者要比上層階級的消費者較傾向於依賴價格作爲產品品質的指標。這可能是因爲上層階級的消費者覺得他們評鑑產品時不需要煩惱瑣碎的價格問題。另一方面，這可能也是因爲低層階級的消費者所擁有的金錢較少，所以金錢對他們而言顯然是較爲突顯的因素。不論是那一種情況，這都代表著文化背景對消費者認知的另一種影響。

(三)學習

文化通常被認爲涉及後天學得的（而非先天的）差異。因此，就某種意味而言，文化背景的所有影響可被視爲是作爲學習的結果而發生。此外，我們也需注意，消費者接觸電視和報紙的文化差異（先前討論過）可能決定了消費者受到觀察學習（第 5 章）的影響的可能性；決定了消費者受到情緒反應之古典制約作用（第 6 章）的影響的可能性；以及決定了消費者之衍生性動機的獲得（第 7 章）。爲了使這些學習歷程得以發生，消費者必須接觸到可觀察的學習刺激（諸如產品、楷模、替代性強化等等）。顯然，在擁有較多電視機的文化中，消費者較可能發生這樣的接觸。

(四)情緒

Ekman 和 Friesen(1971) 已例證了在一般類別的情緒上（諸如愉快、哀傷、害怕、生氣、驚訝和厭惡），不同文化之間具有很高的泛文化（cross-cultural，也稱跨文化）一致性，並也例證了受試者所報告引起這些情緒的情境類型具有很高的一致性。此外，Prost(1974) 也指出身軀和肢體的情緒姿勢具有很

高的泛文化一致性。如同達爾文（1872）原先的學說所指出的，這些研究似乎也說明了文化對於情緒狀態的體驗和表達可能沒有多大影響。

然而，某些較細緻的觀察已揭露了文化背景可能影響情緒的許多實例。例如，Zborowski(1969) 比較各種次文化團體對疼痛的反應。有些次文化團體（例如，愛爾蘭的病人）對於疼痛既不顯出表情，也不發出聲音，另有些次文化團體（例如，義大利病人和猶太病人）則相當富有表情和聲音。英國醫生 P.E. Brown 曾在中國看過許多 5 歲的孩童排成一行，在未施加麻醉的情況下微笑地接受扁桃腺切除術，其手術速度是每位病人不到 1 分鐘（比較 Chaves & Barber, 1973）。

就一般類別的情緒而言，儘管 Ekman 和 Friesen，以及 Prost 的研究指出了泛文化的一致性，但另有些研究顯示，不同文化在這些情緒的表明上可能有很大差異。至於這些文化差異是否會擴展到消費者對恐懼訴求，對幽默訴求，以及對情緒反應之古典制約的反應差異上，這仍有待進一步研究的確認。例如，公益機構針對某些健康問題所作的宣傳中，如果在廣告中呈現傳統的恐懼訴求，再配合清楚的、有效的推薦之道，這種手法可能在某些國家中可收到最大效果。然而，在另有些國家中，對個人健康的恐懼可能不是那麼容易被引發——這時候其他的策略可能較為有效。

(五)動機

Teevan 和 Smith(1967) 曾探討文化背景如何影響動機的發展、運作和表明、我們先前提過原始動機與衍生動機之間的差別，原始動機是指不用學習的、直接建立在生理需求上的動機；衍生動機則是後天學得的，透過古典制約作用而間

接建立在生理需求上的動機。關於原始動機，我們不妨考慮
一下飢餓和性的動機的文化差異。根據報導，巴峇島人不喜
歡在大庭廣眾之下進餐，他們盡可能在掩藏自己的進食行為
(Teevan & Smith, 1967)。這似乎對應於大多數美國人對性的感
覺。另一方面，特洛比亞島人鼓勵兒童玩性的遊戲，並倡導
青少年進行性試驗 (Malinowski, 1953; Teevan & Smith, 1967)。
這又似乎對應於大多數美國人對飢餓的感覺。雖然文化或許
對原始動機的始源沒有什麼影響，但文化似乎影響了這些動
機的運作和表明。

　　文化對原始動機的這種影響的一個意涵是：訴諸於動機
可能多少有所效果，這取決於該文化對該訴求所提出之動機
的反應。我們可以做這樣的推論，在一個「x」動機受到壓
抑、剝奪的文化中，訴諸於「x」動機的訴求將可獲得極大
效果（因為該動機持續處於有待滿足的狀態）。同樣的，在一個
「x」動機極為寬容、富足的文化中，訴諸於「x」動機的
訴求將難以奏效（因為該動機已持續處於滿足的狀態）。例如，
如果羅卡可樂的廣告是建立在解渴的訴求上，那麼這個廣告
對亞歷桑納州鳳凰城的消費者將比對華盛頓州西雅圖市的消
費者來得有效。

　　關於衍生動機，許多研究也提出了類似的文化差異。例
如，根據報導，新墨西哥州的蘇尼族人對於地位和權力少有
或全無後天學得的需求；美拉尼西亞島（澳洲東北部群島）西
北部的杜布族人的特色則是激烈地競爭地位和權力 (Benedict,
1934; Teevan & Smith, 1967)。再度地，這裡的一個意涵是：
訴諸於某個動機可能或多或少具有效果，這取決於文化背
景。

　　另一個意涵則與衍生動機的獲得有關。某個新動機可在

多大範圍的消費者身上發生作用，這可能取決於該文化在有
關原始動機方面（衍生動機就是建立在這些原始動機上）所顯示
出的特性。例如，如果在現實生活中，家庭生活美滿，夫妻
感情合睦，那麼廣告商在廣告把洗衣產品與恩愛家庭的畫面
聯結起來，以使消費者產生對該產品之衍生動機的嘗試將可
能無法成功（因為該動機已在生活中實際獲得滿足）。反而，因
為離婚、兒童受虐和配偶受虐的比率在現代社會中不斷上
升，這可說特別為「 Final Touch 」這類感性廣告佈置好了
舞台（因為該衍生動機無法在現實生活中得到滿足，只好透過廣告獲
得滿足）。當然，這說起來有些悲哀，但我們仍必須說，這類
洗衣產品的廣告之所以有效，可能是因為對當代中產階級的
美國社會而言，恩愛的家庭生活和真摯的夫妻情感已變得愈
來愈難以發展和維持。

㈥意向

Hall(1960) 曾敘述的某些事情上文化差異可能類似於我
們這裡所要談的意向。 Hall 比較了希臘人、美國人、以及阿
拉伯人對商業合約所採取的文化態度。希臘人把簽訂好的合
約視為協商過程中許多「中途站」之中的一個，這個協商過
程只有當整個工作完成之後才算終止。美國人認為只要簽下
合約，談判或協商就算完成了。阿拉伯人則認為個人的口頭
承諾如同簽署的文件一樣具有約束力。如果我們將之比擬為
是消費者的意向與購買產品的合約，這就表示消費者所表達
的（決定了的）意向在不同文化中多少有些可變性和彈性。出
於這種文化上的影響，在阿拉伯國家中，個人所表達的購買
意向可能可作為消費者行為的良好指標；但在希臘文化中，
這樣的購買意向可能就不能作為消費者行為的良好指標。

㈦行爲

假設上，透過先前章節中所描述的中介變項，文化背景
也將會影響消費者行爲（比較 Dichter, 1962; Hall, 1960 ）。表
11.3 呈現某些國家在選定的幾項產品上的購買情形。我們可
看出，這些國家之間存在頗大的差異。請記住，這個表格
（以及表 11.2 ）所列的國家大多是西方工業化的國家，因此在
文化方面具有很多共同之處。其他國家／文化所造成的差異
將會更大，它們即使可能購買其中某些產品，可能性也相對
較低。

表 11.3　各種產品在不同國家的使用情形（約在 1977 年，摘自
Heron House, 1978）。

國　　家	家庭購買香皂的比率	家庭購買牙膏的比率	女性使用唇膏的比率	男性使用電動刮鬍刀的比率	吸煙人口的比率
美　　國	97	95	71	25	37
加拿大	98	96	90	40	41
英　　國	99	90	74	28	37
奧地利	83	85	57	62	37
比利時	91	81	61	60	32
丹　　麥	100	80	43	60	42
法　　國	91	86	68	46	43
西　　德	84	83	69	59	43
愛爾蘭	72	53	na	28	37
意大利	98	94	48	26	32
日　　本	na	na	na	49	44
挪　　威	100	75	40	60	42
西班牙	94	87	55	52	37

㈧社會背景

有關社會階級方面， Graham(1956) 檢視了社會階級與採用新產品之間的關係。 Graham 發現，只要新產品能夠相容於社會階級的文化屬性和生活風格，新產品似乎就可被接納。例如，電視較快被低層階級所接受，卡納斯達橋牌 (Canasta) 則較快被上層階級所接受。在某些產品類別上，社會階級被認為可以調節消費者行為，這些產品類別包括信用卡（如，Plummer, 1971），服飾（如，Rich & Jain, 1968）以及休閒活動（如，Bishop & Ikeda, 1970）。

自從 Wasson 於 1969 年在一篇論文中提出這個議題後，許多研究人員一直爭議這些效應是出於社會階級，或是出於出入（如，Myers & Mount, 1973）。較近期， Schaninger(1981) 在大範圍的消費領域中，設法比較社會階級和收入（以及他們的結合）在預測消費者行為上的相對有效性。 Schaninger 的研究結果可以摘要如下：對於不涉及高額支出費用，但確實反映出基本生活風格或價值觀差異的產品而言（例如，葡萄酒，夜間電視節目），社會階級的預測有效性優於收入。對於確實需要實質的費用，但不再被作為地位象徵的產品而言（例如，重大廚房用具，洗衣設備），收入的預測有效性優於社會階級。最後，對於可作為社會階級的象徵（或是在某個社會階級之內的地位象徵），並需要適度的或實質的費用的產品而言（例如，服飾、汽車、電視機），社會階級和收入的結合最具預測的有效性。 Schaninger 的這項整合有助於我們理解文化背景對消費者行為的影響。當所涉及的產品需要實質費用時，收入發揮較大影響力；當所涉及的產品可被視為消費者之社會階級的反映時，社會階級發揮較大影響力。這提供了

一種有用的方法來操作性界定關於某類產品的「次文化」。

我們有必要認識，社會背景包含在文化背景之中，並受到文化背景的影響。考慮一下 Murdock(1949) 對於在現代工業化社會中新興的家庭類型所作的區分。導向的家庭是個人出生的家庭，個人在這樣的家庭中是作為孩童。生產的家庭是經由婚姻所構成的家庭，個人在這樣的家庭中是作為配偶和父母。這兩種家庭類型對立於傳統的延伸式家庭——祖父母、父母和子女共同住在一起。 Myers 和 Reynolds(1967) 曾探討這類文化決定的家庭結構對消費者行為的某些影響。例如，老年人在這類新興的家庭中要比在延伸式的家庭中傾向於較為孤單，這造成了消費者人口中獨立的、可辨識的一部分。婚姻製造了一個新家庭，這通常需要採購全套的毛巾、烤麵包機和電視機。老年人可能不再占有權威專家的位置，而讓新婚夫妻依賴其他來源的購買訊息（例如，來自同輩、銷售員、或大眾媒體）。在傳統的延伸式家庭仍然相當健全的其他文化中，我們可預期還看不到上述的這些效應。

同樣的， Hsu(1970) 主張，文化背景可能影響家庭成員之間的重要關係，並進而影響所謂的「國家性格」，或是可在某種文化中找到的優勢人格類型 (Benedict, 1934)。例如，Kohn(1963) 比較中產階級和工人階級的父母—子女互動情形。中產階級的父母期望子女能夠愉快、合作，並好學；他們控制子女的方式是透過培養子女的自我導向，他們懲罰子女時所依據的是子女的行為意圖（有意摔破一個杯子要比不小心打破 5 個杯子來得嚴重）。另一方面，工人階級的父母期望子女能夠整潔、服從、並有禮貌；他們控制子女的方式是透過外在處罰（剝奪子女某些東西或權利），他們懲罰子女時所依據的是子女的行為結果。有些研究已發現丈夫—妻子消費者的

互動中也有類似的社會階級差異（如，Komarovsky, 1961）。

因此，文化背景顯然可能影響社會背景，而社會背景本身則是消費者行為的決定因素。回想我們在第 10 章曾引用的 Atkin(1978a) 的研究，他檢視了在購買麥片粥這件事情上所發生的父母—子女的互動情形。從養育子女方式的社會階級差異中，我們可看到文化背景對社會背景的影響（並因此對行為的影響）。這也就是說，文化背景影響了某個社會階級的父母與子女之間的互動，並接著影響了購買某些品牌的麥片粥的交互決定。

二、結論：心理地理學

製造商通常必須考慮美國不同地區在使用某類產品方面的差異。划雪屐很少在佛羅里達州銷售，衝浪板則很少在科羅拉多州銷售。這些產品銷售量方面的差異有些可歸因於是不同地區在地理上和氣候上的明顯差異所造成。然而，另有些區域性的產品銷售量差異則沒有這麼容易解釋。例如，冰茶和自製的小甜麵包在美國東南部要比其他任何地區都來得普遍；白蘭地在美國中西部的銷售率勝過其他任何地區。General Foods 在美國不同地區推出不同風味的麥斯威爾家用咖啡：西部人偏好味道較濃的咖啡，這家公司就據以提供投合這種偏好的咖啡(Kotler, 1983)。Wells 和 Reynolds(1979) 試著根據不同地區在生活風格和價值觀方面的差異來解釋這些區域性的銷售量差異。這種探討被 Wells 和 Reynolds 稱之為心理地理學(psychological geography)，它涉及檢定出從地理的角度來界定的次文化。Lesser 和 Hughes(1986) 表示，如果我們能夠證實不同地區在生活風格、價值觀和其他心理描

述維度上具有強烈而一致的區域差異的話,那麼我們大可捨棄全國性的廣告活動,而代之以針對特定區域而設計的廣告。

美國心理地理學的規格可以根據許多不同的方式來設計。圖 11.1 列舉了界定美國特定區域的三種不同的嘗試。Wells 和 Reynolds (1979) 的版本呈現在圖 11.1a。請注意,Wells 和 Reynolds 的版本不是全面性的,因為有許多州(事實上,超過半數)並未包括在這個方案中。這是因為這些研究人員只試著說明各個區域的特有差異,不在於描述全國性的差異狀況。

圖 11.1b 所呈現的是人口調查局的分區法。人口調查局利用這個版本來報告各區域的出生率、失業率等等 (Kahle, 1986),它相當類似於 Wells 和 Reynolds 所提供的分區法,只不過後者較具選擇性。不論如何,人口調查局的版本是全面性的,因為它囊括了美國大陸的所有 48 州。

1981 年, Joel Garreau 出版了一本書,題為《北美九國》。 Garreau 就像一位文化人類學家一樣遍遊北美大陸,探討各個區域的文化差異。圖 11.1c 所呈現的九個區域(或如 Garreau 所謂的「國」)便是出自這位深具野心的冒險家的規劃。請注意,這個透視觀點不僅包括美國大陸的 48 州,它也涵蓋了加拿大、墨西哥、阿拉斯加、加勒比海,以及北美大陸的其他每個區域。 Garreau 的區域所依據的是假定上的文化國界,而非政治國界。

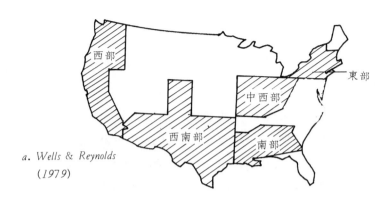

a. Wells & Reynolds
(1979)

b. 人口調查局
(Kahle, 1986)

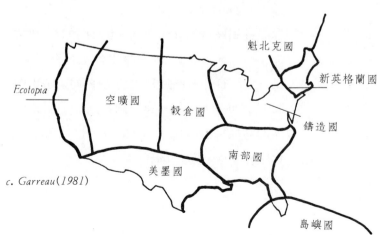

c. Garreau(1981)

圖 11.1　美國的區域圖

　　這些方法對於檢定區域性的次文化有何用處呢？ Wells
和 Reynolds 測試各個不同區域中的 1491 位男性消費者，他
們發現這些消費者在許多不同維度上有著顯著的差異。一般
而言，南部人的特色是非常傳統；西部人的特色是相當自
由，並關心「自然的」事物；東部人的特色是四海爲家和創
新。然而，原本預期西南部人會有創新和娛樂導向的特色，
中西部人會有保守和壓抑的特色，卻未在這項研究中獲得證
實。

　　在更廣泛的一項研究中， Kahle(1986) 測量來自美國各
地方的 2235 位消費者，請他們排定各種價值觀的優先順序
（價值觀的選項包括歸屬感、樂趣和興奮、與他人的溫暖關係、自我
實踐、受到尊重、成就感、安全感，以及自我尊重）。一般而言，
Garreau(1981) 的九個國度和人口調查局的九個區域兩者都顯
示出在各個區域之間具有顯著差異，且這兩種透視觀點都得
到相似的結果。例如，以各個區域在自我尊重這個價值觀的
重視程度來說，人口調查局的山地區在這個價值觀上具有最
高的評定，而 Garreau 的空曠國（大致對應於山地區）也得到
類似的結果。人口調查局的中西北區在這個價值觀上具有最
低的評定，而 Garreau 的穀倉國（大致對應於中西北區）也得到
類似的結果。一般而言，人口調查局的九個區域要比
Garreau 的九個國度在各個區域之間顯現出較明確的差異。

　　這項研究證實了在價值觀和消費型態方面存在有顯著
的，有用的區域性差異。這爲製造商當推出新產品時，針對
特定區域而量身定製特別廣告的手法提供了正當理由。然
而，我們也不可對這樣的觀點作過當的推衍──當我們考慮
到心理地理學也有其限制之處。事實上，除了這裡所討論的
重大差異之外，「北美九個國度」之間也存在有大量的一致

性。例如，Wells 和 Reynolds(1979) 的研究顯示，不論來自那個區域，消費者都普遍表示他們相當關心產品的可靠性和價格，相當關心自己是否過度浪費，也相當在意大公司是否利用能源危機而獲取暴利。較近期，Lesser 和 Hughes(1986) 已證實在多種心理描述維度上，美國各個地理區域之間具有大量的一致性。

雖然區域性差異可被檢定出來，但有些研究學者指出，美國的區域性差異正在穩定地消退之中 (Engel et al., 1982; Zelinsky, 1973)。變動的經濟條件所造成的區域之間的人口遷移，以及漸趨同質化的大眾媒體，這些都可能促成了美國次文化的穩定消退。不論如何，就如同針對消費者之特定心理描述層面所設計的廣告可能奏效一樣，針對特定地理區域的消費者所設計的廣告也有一定的效果。

12 銷售互動

　　本章中，我們將把重心放在銷售互動 (sales interaction)
上，也就是放在銷售人員與消費者之間的互動上。銷售人員
可被視爲刺激情境中一個動態的、適應的、重要的成分，並
同時也作爲社會背景的一部分。雖然我們在第 10 章已把銷售
互動作爲社會背景的一部分而討論過，但銷售互動顯然相當
獨特，值得我們個別加以考慮。此外，如果時間和精力的投
資具有任何預示性的話，那麼這類互動對於商業機構將特別
具有重要性。例如， Weitz(1981) 曾提到，訓練一位企業界的
銷售人員所需的費用超過美金 15000 元，整個企業界每年花
在訓練銷售人員的費用高達好幾十億美金。 Kotler(1976) 估
計，商業機構花在個別推銷的費用要比花在廣告上的費用還
多出 50 ％。

　　我們在先前的章節中所討論的許多原則和現象可能受到
銷售人員的影響。例如，銷售人員可能實際充當具有某些可
信度的來源（如， Busch & Wilson, 1976 ）（第 4 章）。同樣
的，銷售人員可能利用情緒訴求（如， Newton, 1967 ）（第 6
章）。雖然銷售人員可能透過影響消費的內在歷程和意向，
進而影響消費者的行爲（如先前所論述的），但這個領域的大
部分研究只考察了某些形式的消費者行爲（例如，消費者與銷
售人員互動之後是否購買了該產品）。因此，有關銷售人員對消
費者行爲的影響，本章將檢視三個廣泛的研究領域。這三個
研究領域是績效良好的銷售人員的特徵，銷售人員與消費者

之間的類似性的效應，以及各種的影響技巧。請記住，我們在本章的任務是瞭解銷售人員如何能夠影響消費者。

一、績效良好的銷售人員的特徵

關於銷售互動的研究，早期的探討途徑只在於簡易地描述作爲銷售人員的個體（如，Husband, 1953）。Rogers(1959)曾比較業務經理、銷售人員、以及心理學家對於銷售人員應具有的特徵所持的看法。Rogers 發現，銷售人員可被描述爲是成功導向的、喜好社交的、支配的、和自信的。Kirchner 和 Dunnette(1959) 則認爲銷售人員的特徵是外向的、虛張聲勢的、吃苦耐勞的、和積極進取的。

在這些研究工作之後，研究方向開始轉向於檢定可以區別出成功的銷售人員與不成功的銷售人員的屬性。例如，Pruden 和 Peterson(1971) 指出，銷售人員相信自己擁有影響消費者的力量，這與較高的銷售業績的有關。Pace(1972) 發現，高度的溝通技巧是成功的銷售人員不同於不成功的銷售人員的原因。Bagozzi(1978) 發現，自我尊重與銷售業績之間具有正面關係。類似於第 3 章討論的來源可靠性效應，Busch 和 Wilson(1976) 以及 Woodside 和 Davenport(1974) 都發現擁有高度專業知識的銷售人員要比低度專業知識的銷售人員更具效果。

雖然這樣的研究最初似乎大有前景，但是近期以來，探討成功銷售人員的特徵的興趣已漸漸消退。這大部分是由於採用這種方法所得到的研究結果普遍缺乏一致性。有時候，銷售人員的某個特徵可以預測良好的業績；有時候則否。Weitz(1981) 評閱以往的許多研究，證實了有關銷售人員的各

種特徵與銷售實績之間的關係上，不同研究所得的結果往往互相矛盾。例如，在某些研究中（如，Greenberg & Mayer, 1964），同理心（empathy）與銷售實績有關；但在其他的研究中（如，Lamont & Lundstrom, 1977），則未發現這種相關。這表示銷售人員的績效可能出於銷售人員人格特徵之外的其他因素；或是除了銷售人員的人格特徵之外，也與其他因素有關。較近期的觀點則併合了銷售人員的人格與消費者的人格。

二、銷售人員與消費者之間的相似性

由 F.B. Evans(1963) 提出的一篇極具影響力的論文開啓了我們在銷售互動方面的第二個研究領域。Evans 提出的假設是，「銷售是某個銷售人員與潛在的顧客經過某種雙方的互動後所得的成果，而不是任何一方個人的特質所帶來的結果」(Evans, 1963, p.76)。這種觀點說明了銷售人員的特徵與消費者的特徵兩者都對銷售互動的結果發生了影響力。

對於銷售人員和消費者雙方特徵的考慮，通常所採取的形式是檢驗銷售人員與消費者之間的相似性所產生的效應。例如，Evans(1963) 所提出的某些證據顯示，保險推銷人員較可能與在大多數層面上（例如，年齡、抽煙習慣、宗教淵源、政治黨派）都與自己有共同點的潛在顧客達成交易。同樣的，Riordan，Oliver 和 Donnelly(1977) 也發現保險經紀人與消費者之間的相似性可以增進銷售交易的達成率。Brock(1965) 也透過實例證明，當油漆推銷員自己使用油漆的數量類似於消費者所使用的數量時，他將較可能說服該消費者改用較貴的油漆——比起當該推銷員使用油漆的數量是消費者使用量

的 20 倍時。

　　併合了「銷售人員的特徵」的方法以及「銷售人員與消費者之間相似性」的方法，Woodside 和 Davenport(1974)，Busch 和 Wilson(1976)，以及 Bambic(1978) 比較「銷售人員的專業知識」以及「銷售人員與消費者之間的相似性」的相對有效性。他們的研究都指出，「銷售人員的專業知識」以及「銷售人員與消費之間的相似性」兩者都有助於增進銷售交易的達成率；但在所有這三項研究中，專業知識都似乎要比相似性發揮較大影響力。

　　這類研究結果或許可以與我們在第 10 章引用的 Goethals (1976) 有關價值觀和信念的社會比較論互相牽連起來。回想一下 Goethals 的研究，它指出當消費者試著評估自己對某項產品的價值觀時，消費者將會對於來自相似他人的訊息最感興趣；至於當消費者試著評估自己對某項產品的信念時，消費者對於來自不相似他人（例如，專家）以及來自相似他人的訊息都將同樣感到興趣。如果把 Woodside 和 Davenport（1974）、Busch 和 Wilson(1976) 以及 Bambic(1978) 的研究結果再與 Goethals 的研究工作整合起來，這將表示處於銷售互動中的消費者可能較主要是在評估他們的信念，而不在於評估他們的價值觀。銷售人員專業知識的有效性所反映的是對不相似他人的依賴，這較可能是針對信念，而不是針對價值觀。然而，這些研究也發現銷售人員與消費者之間的相似性可以增進銷售互動的成功，這可能說明了消費者在某種程度上仍然關心於評估自己的價值觀。

　　「銷售人員專業知識」以及「銷售人員與消費者之間相似性」的相對有效性可能隨著產品的性質、消費者的特徵、或購物環境的特徵而有所變異。有些近期的研究已開始檢視

銷售互動的這些交互作用維度。例如，Rao 和 Misra(1976)
發現不同類型的消費者對不同的銷售手法有不同的感受性
（例如，低度需求的消費者較能接受以產品為重點的廣告呈現，高度
需求的消費者則較能接受以公司為重點的廣告呈現）。同樣的，
Weitz(1978, 1981) 發展出一種精巧的「關聯性架構」，以供
研究銷售的有效性。這個關聯性架構說明了成功的銷售互動
將有賴於（或取決於）許多中介變項，諸如銷售人員的風格和
特徵、消費者的特徵，以及銷售互動情境的本質。根據
Weitz 的說法，成功的銷售人員能夠形成對消費者及其需求
的正確印象，能夠有系統地組織和傳達適當的策略性信息，
並能夠在整體互動的每一個階段中評估和調整自己的影響手
法。這種探討途徑突顯了銷售人員與消費者之間互動的複雜
性。

三、影響的技巧

在一項相當廣泛的描述性研究中，Willett 和 Pennington
（1966 ；同時比較 Pennington, 1968 ）發現了銷售互動上的許多
規律性。例如，銷售互動平均大約 23 分鐘長，其中銷售人員
在每個互動中大約負責 2/3 的行為。除此之外，銷售人員對
產品送達方式和產品款式的照會似乎可以增進銷售的有效
性；而銷售人員對產品價格或競爭產品之不利層面的照會，
則似乎會損害銷售的有效性。這類研究相當具有價值，因為
它有助於發展出銷售互動的「地形學」(topography)——就如
同這些互動在真實世界中所發生的情形一樣。不幸地，這類
的研究工作相當罕見（然而，比較 Olshavsky, 1973 ，它是另一個
值得重視的例外）。

　　另一種較常見的研究基模是檢定各種影響技巧（得自銷售
方面的民間說法，或得自社會心理學上的基本研究），並考慮這些
技巧在銷售互動上的實際應用和意涵。以下我們論述某些重
要的影響技巧。

㈠訴諸於增值原則

　　相當普遍被採用的一種影響技巧是設法訴諸於 Kelley
(1967, 1973) 歸因理論中的完形增值原則（第 4 章討論過）。
銷售人員可以試著引導消費者從事增值的歷程，寄望這可導
致消費者形成某種類型的推論。這種影響技巧的實際做法
是，銷售人員在對他的產品作某些相當正面的評論的同時，
也提及他的產品某些可能的風險、代價或犧牲。例如，銷售
人員可以詳細述說他的產品的優異性，然後也承認（帶著一種
自我揭露的靦腆）他的產品要比某個競爭對手來得昂貴（類似於
價格—品質的關係，第 3 章討論過）。這裡的含意是：如果銷售
人員願意承認他的產品較貴，他這個人必定相當誠實，因此
他對自己產品之優異性的聲稱也應該較為可信。

　　這種方法應該被看作是一種全面性的影響技巧，其原因
如下：在銷售人員應用其他任何影響技巧的期間，消費者將
會試著根據銷售人員的行為來推斷該產品的真正品質；因
此，不論所應用的是其他何種技巧，消費者將總是容易受到
銷售人員最初有意訴諸的增值原則所影響。

㈡抗拒減除

　　另一種全面性的影響技巧是設法減除消費者的心理抗
拒。心理抗拒 (psychological reactance)(Brehm, 1966) 是指個體試
圖恢復或維持自己覺得已失去或正受到威脅的自由。關於影

響技巧方面，任何銷售互動都可被視為是銷售人員這方試圖控制消費者的行為。這在某種層面上可說是對消費者的自由的一種威脅，而消費者的心理抗拒可能就反映在他們選擇了競爭對手的品牌（只是為了申言自己的自由和決定權）。因此，抗拒減除的策略就因應而生，以便讓消費者相信自己並未受制於影響技巧。例如，在實施免費樣品（試吃或試飲）的技巧時（一種較為特定的影響技巧，稍後將會介紹），銷售人員可以輔以抗拒減除的策略，也就是告訴消費者他們沒有購買該產品的義務。近期的研究已證實這些策略相當有效（如，Clee & Wicklund, 1980; Yalch & Bryce, 1981）。

抗拒減除的策略也應被視為一種全面性的影響技巧，其原因如下：在銷售人員應用其他任何影響技巧的期間，消費者可能把銷售互動解釋為是對他的自由的一種威脅。在前面所提的例子中，我們已看到抗拒減除的策略可用來配合另一種較特定的影響技巧（亦即，試吃或試飲）的施行。因此，不論銷售人員所應用的是其他何種技巧，消費者將總是容易受到抗拒減除策略的影響。我們剩下來所將論述的影響技巧則較具特定性和針對性。

(三)得寸進尺

得寸進尺的效益（foot-in-the-door effect，也稱腳在門檻內的效應）是指當對他人有所要求時，惟恐重大的要求遭人拒絕，於是先把要求降低，當對方應允之後，再把要求提高，如此有助於達成原先預定的目的（Freedman & Fraser, 1966）。例如，推銷員可能希望你買一輛汽車，但他開始時可能只是要求你試開這輛車。同樣的，挨家挨戶推銷餐具的推銷員真正希望的是你能購買一套八件的刀叉，但他開始時可能只是要求你

拿其中一支刀叉來切一塊厚重的皮革。在每一個案例中，推銷員因為獲得了消費者對初步的、較小的要求的順從，這將有助於促成消費者對重大要求（例如，買車，買整套刀叉組）的順從。這種影響技巧已實際地被擴展到消費者行為的背景中（例如，Reingen & Kernan, 1977）。獲得消費者對初步的、較小的要求的順從，可在比喻上看作是推銷員已把他的腳放進了大門（推銷員的一個箴言是：只是你的腳能夠跨進顧客的大門，那麼引起他購買你的貨品就不成問題了）。

這種效應的一種解釋來自自我知覺論（第9章討論過）。一旦消費者順從了初步的、最小的要求，他可能就傾向於把自己看作是「做那種事情」的那種人們。試開了汽車之後，他可能從該行為推斷他就是開那種汽車的那種人們。試過了刀叉之後，消費者可能從該行為推論他就是使用那種刀叉的那種人們。最後當重大要求被提出時，消費者可能已預先傾向於順從該要求。

Goldman 和 Creason(1981) 為得寸進尺的技巧提出一項有趣的延伸，他們稱之為雙得寸進尺法（或稱為雙腳站在門檻內的技巧）。在這種技巧中，個體在被提出重大的要求之前先接受兩個初步的、較小的要求。Goldman 和 Creason 發現這種方法要比得寸進尺法更為有效（比較 Schwartz, 1970）。

㈣漫天要價法

「漫天要價的效應」（door-in-the-face effect，或稱為門在臉上的效應）是指想要向對方提出某項要求時，一開始先以獅子大開口的方式使對方無法接受，然後逐漸降低姿態，並與對方討價還價，最後所獲得的也正符合原本預定的目的 (Cialdini et al., 1975)。換句話說，當一個人拒絕了他人初始的、較大

的要求後，比起未經歷這次拒絕的人們更可能順從對方的另一個較小的要求。例如，Cialdini 等人先對一些大學生提出一個富有慈善意義但是成本很高的要求——要求他們擔任為期兩年的少年觀護所的義務輔導員。當然，大多數人都禮貌地拒絕了。但是後來當研究人員對他們提出一個較合理、較小的要求，請他們攜帶一位觀護少年到動物園遊玩一次時，絕大多數受試者都會因為上一次的拒絕而欣然接受這一次的要求（其接受率遠高於未曾經歷上一次拒絕的另一組大學生）。

考慮這種技巧在消費者行為上的含意，它表示推銷員只希望你買一輛小型汽車，但他可能一開始卻是要求你買一輛凱迪拉克。同樣的，逐戶推銷餐具的推銷員可能只想要你買一套八件的刀叉，但他一開始時卻是要求你買總共 98 件的餐具和刀叉組。在每一個案例中，消費者對初始的，較大的要求的拒絕，將可促進他們對關鍵性要求（亦即，買小型汽車，買一套 8 件的刀叉）的順從。這種影響技巧已實際地被擴展到消費者行為的背景中（例如，Mowen & Cialdini, 1980）。獲得消費者對初始的、較大的要求的拒絕，可在比喻上看作是推銷員當面被砰然關上了門（吃了閉門羹）。

有兩種互補的解釋試著說明這種效應。一方面，這種技巧可使得公平性的人際規範突顯出來（Adams, 1965）。公平論（equity theory）是解釋維持人與人之間或團體與團體之間彼此能夠和平相處的一種理論，當彼此之間都感覺到付出與收穫是公平時，彼此之間才不會發生衝突。這表示在銷售互動中，每一方的收穫應該相稱於他的付出。當收穫未能相稱於付出時，這就造成了不公平，而這種不公平狀態顯然將會引起當事人的不愉快，這導使人們試圖減低不公平狀態。例如，一家公司的總經理所拿的薪水（收穫）可能遠比公司的警

衛來得高，但這通常被認為相稱於每個人所帶給公司的訓
練、經驗、技術和專業知識（付出）。在漫天要價的程序中，
當消費者拒絕最初的要求後，推銷員接著讓步到一個較合理
的要求上。這造成了一種不公平的關係。推銷員已調整了自
己想要的收獲，然而消費者卻未這樣做；最終消費者只好透
過讓步並接受推銷員的新提議來化解這種不公平狀態。

另一方面，漫天要價的技巧可使得互惠性的人際規範突
顯出來（Gouldner, 1960）。互惠性是指我們傾向於以他人待我
們之道還治其身。如果某人對我們不錯，我們似乎也有義務
據以回報。因此，當推銷員已作了退讓並調整他的要求，消
費者似乎也有義務稍作退讓並接受該要求。

乍看之下，漫天要價的技巧與先前描述的得寸進尺的技
巧之間似乎有些矛盾。漫天要價的技巧說明了消費者原先的
拒絕有助於促成他們對關鍵性要求的順從；得寸進尺的技巧
則說明了消費者原先的順從有助於促成他們對關鍵性要求的
順從。然而，這種矛盾只是表面的，因為除了在某些條件下
將會發生漫天要價的效應之外，其他情況中大多是發生得寸
進尺的效應。為了使漫天要價的效益得以發生，推銷員應該
在消費者拒絕最初的較大要求之後，就立即提出退讓性的適
度要求，並且做第二次要求與做第一次要求的必須是同一位
推銷員（例如，DeJong, 1979）。這似乎是因為在這些情況
（條件）下，公平性和互惠性的人際規範才得以突顯出來。例
如，如果你今天拒絕了甲推銷員的一個較大的要求，你將不
致於覺得自己在人際規範上有義務在下個星期順從乙推銷員
提出的一個較適度的要求。實際上，如同自我知覺論所預測
的，這類情境已被證實反而會降低消費者對適度要求的順從
（Snyder & Cunningham, 1975）。

　　有些讀者或許會認為，除了漫天要價的技巧之外，雙漫
天要價的技巧可能也是一種有效的方法（就如同 Goldman 和
Creason 發現除了得寸進尺法之外，雙得寸進尺的技巧也是一種有效的
方法）。這也就是說，推銷員可能採取多重讓步的方式，逐
漸導向關鍵性的要求。但有關交易的社會心理學研究（比較
Rubin & Brown, 1975; Tedeschi, Schlenker & Bonoma, 1973）卻指
出，這樣的方法可能無法奏效。例如，Komorita 和 Brenner
（1968）發現，經常的、一致的退讓將會導致消費者認為推銷
員是一位軟弱的對手，因而預期推銷員還會有更進一步的退
讓（同時比較 Pruitt & Drews, 1969）。這表示雙漫天要價的技
巧可能不如單純的漫天要價法來得有效。

㈤積少成多

　　研究已顯示，讓所提出的要求顯得微不足道，這有助於
促進消費者對該要求的順從。這種效應被稱為是「積少成
多」（even a penny helps），這是源於 Cialdini 和 Schroeder
（1976）在一項研究中為了強調金錢的要求的無足輕重而使用
了這個詞語。這種方法已被發現可以提高順從某項要求的人
數比率，並可提高所獲得的總金額。

　　這種技巧之所以有效果是因為它提高了個體能夠順利執
行具體呈現在該要求中的行為的主觀機率（Carver & Scheier,
1981）。這也就是說，「積少成多」可以傳達給消費者這樣的
信息：順從該要求是毫不費力的事情。這種技巧的運作方式
可從下面這個實例中看出：當推銷員把美金 8000 元的汽車貸
款描述為「頭期款 50 元，月付 50 元」（卻未指出，再加上利
息，這項貸款需要 63 年才能付清）。

㈥投低球

投低球（low-balling）所描述的技巧是，當兩個人達成協議，講好了雙方在主要事項上所需支付的成本之後，這時候其中一方才指出另一方需要額外支付的成本。例如，在消費者已同意以美金 8000 元購買一輛汽車之後，推銷員這時候才開始添上 100 元的稅金，75 元的手續費、以及 200 元的輪胎費等等。這種方法出乎意外地有效（Burger & Petty, 1981; Cialdini, Cacioppo, bassett & Miller, 1978）。這種達成協議之後才提出額外費用的情形，在比喻上可被視為是推銷員對消費者投出了一記「低球」。

投低球如何發生效用呢？自我知覺論提出了一種解釋。當消費者同意以原來的條件購買該產品之後，這樣的行為可能被消費者用來推斷自己必定對該產品真正感到興趣。這種推斷出的對產品的真正興趣使得消費者能夠忍受升高的成本。此外，印象整飾理論也提出了另一種解釋。如果消費者在協議的條款「稍微」變動之後就撤消該交易，他可能促成了他是一位不負責的消費者的相當不良的印象，因為他竟然不知道這些必要的費用，或是因為他在這麼重大的決定上竟然只因為所需支付的總金額稍有變動就中輟了。

㈦免費樣品

任何人只要逛過現代的購物中心或超級市場，就避免不了接觸到試吃或試飲的銷售技巧。儘管有多種變化形式，免費樣品總是涉及銷售人員贈送少量的產品給消費者，並然後提供消費者購買該產品的機會。我們在許多購物中心的食品專賣店常可看到免費樣品的例子，銷售人員把那個星期大減

價的巧克力／起司／香腸等樣品提供給路過的顧客，然後銷
售人員詢問正在試吃的消費者他們想要購買多少數量的產
品。許多研究已證實免費樣品的手法相當有效（如，Yalch &
Bryce, 1981）。

　　關於免費樣品的效果，存在有許多不同的可能解釋。自
我知覺論將會主張，接受樣品的行為將會被消費者用來推斷
他必然真的喜歡該產品，因此將傾向於多少購買一些。透過
免費樣品，公平性的人際規範將被突顯出來，這使得消費者
的收穫（享用免費的食品）在比例上被擴大，但消費者的付出
卻沒有相應地增大。為了解除這種不公平，消費者只好購買
某些產品（因此使得消費者的付出重新相稱於他的收穫）。同樣
的，透過免費樣品，互惠性的人際規範也將被突顯出來——
既然銷售人員已施予消費者某些恩惠（提供免費的食品），消
費者現在應該有義務做某些事情來回報銷售人員（購買某些產
品）。

　　當同時考慮所有這些影響技巧時，我們發現很少有證據
指出何種技巧最具效力，也很少有證據指出何種技巧在怎樣
的情境中較具效力（後者或許是較正確的問法）。有些研究同時
檢驗了其中兩種技巧。例如，Reingen(1978)檢驗了漫天要
價法、積少成多法，以及這兩種技巧的結合。當這兩種方法
個別考慮時，兩者都具有顯著的效果，而且效果大致相當。
至於這兩種技巧的結合（也就是先取得消費者對最初較大要求的拒
絕，然後再提出適度的要求，並配合「積少成多」的技巧）雖然也可
獲致一定的效果，但其效果並未顯著高於或低於當單獨應用
任何一種技巧時。Yalch 和 Bryce(1981) 發現，應用抗拒減除
的技巧時，其效果幾乎可達免費樣品法的兩倍。

　　然而，這種檢驗一種以上的影響技巧的研究可說極為少

見。這方面最具價值的研究工作應該具有以下特性：(A) 採用相同的消費者群數、使用相同的產品和銷售人員，在這些前提下比較訴諸於增值原則、抗拒減除、得寸進尺、漫天要價、積少成多、投低球、以及免費樣品等各種技巧的相對有效性；(B) 檢驗各種技巧的結合的效果，以便確認當這些技巧被合併使用時是否發生了任何強力的交互作用；(C) 檢驗兩種以上技巧的結合的序列效應；例如，以 Yalch 和 Bryce 的研究 (1981) 來作說明，究竟抗拒減除法之後施行免費樣品法較為有效，或是免費樣品法之後施行抗拒減除法的方式較為有效呢？最後，這樣的研究還需檢驗各種影響技巧與銷售人員的特徵／銷售人員—消費者的相似性之間的交互作用。例如，當銷售人員在諸多屬性上類似於消費者時，漫天要價的技巧可能較為有效；當銷售人員擁有高度的專業知識時，得寸進尺的技巧可能較為有效。對這些可能性的實徵檢驗將有助於我們更為瞭解銷售互動的動力性質。

四、結論：「銷售利刃」

加州 Palo Alto 的人類利刃軟體公司已開發出一套稱之為「銷售利刃」的電腦程式。這套程式需要銷售人員透過對 80 項個人陳述（例如，「我最憂慮的就是販賣東西」）的同意或不同意而來評估自己，並也透過對 50 項個人形容詞（例如，「好議論的」、「知性的」）的同意或不同意而來評估消費者。根據這些訊息，「銷售利刃」就可輸出一份 10 頁的、詳細的銷售策略報告，列出你可從消費者身上預期到什麼，如何做好推銷的準備工作，如何開場，並如何收場。這套電腦程式售價美金 250 元，它代表了利用高科技的技術把後效的方法

應用於前述的銷售互動中。

　　需要注意的是，這種方法並不限於老式的挨家挨戶的推銷工作。根據 Rogers(1984) 的報告，倫敦金融時報曾試驗「銷售利刃」，看它如何建議柴契爾夫人怎樣去「說服」(sell on) 雷根總統支持她在北大西洋公約組織上的政策。「銷售利刃」所提出的建議是，「妳注重細節的傾向可能使得雷根感到不耐煩」以及「雷根喜歡自己成為聚光燈的焦點，喜歡在眾人面前表演。如何打動雷根呢？使用奉承的方法」(Rogers, 1984, p.52)。然而，這套程式在適用性方面仍有許多限制。未來的研究將必須確認「銷售利刃」是否可以提供學生一套必然有效的教師—學生的特定訴求，這將使得教師願意接受遲交的期末報告！

13 | 應用於非營利性環境

　　在先前的章節中，大部分的討論和實例都是圍繞著商品類型（commodity-type）的產品打轉。消費者當喝可樂、吃漢堡、或購買二手車時，他們的行為受到詳細審視。當考慮到前述的概念和原理的最尋常應用都是發生在私人企業（也就是，利益導向的）的環境中時，這種情形就相當可以理解。當然，迄今的大部分研究和理論的發展都是有關私人企業，亦即有關商品類型的產品。然而，我們在第一章的導言中曾指出，消費者所使用的產品可以是學校的教學用具、宗教團體的精神產物，或是有別於物質的其他東西。本章中，我們將考慮把先前章節中所呈現的概念和原理應用於這些非營利性環境。我們希望在本書結尾時透過擴寬應用範圍，可以在這個題材上劃下一個完美而具有激勵性的句點。

　　「非營利性環境」（nonprofit setting）這個詞語最常被用來指稱這些類型的應用（如，Gaedeke, 1977; Kotler, 1975; Lovelock & Weinberg, 1978）。其他被用來指稱這些非傳統的、非商品的應用領域的語詞還包括生態環境（如，Henion, 1976），非商業環境（如，Lovelock, 1977），以及社會環境（如，Green, 1980）。我們接下來將要論述的非營利性環境的應用領域包括宗教、犯罪制裁、能源節約、以及政治活動。雖然這些情境可能會或可能不會被視為是利益導向的，並它們可能會或可能不會具體顯現出真正商業的所有面貌，但它們都具有一個共同的屬性，也就是提供消費者某些服務或觀念，而不是

某些有形的產品。本章結尾也將會簡要論述其他一些可能的
應用。請記住，我們在本章的任務是試著瞭解消費者行為的
心理學如何可被應用於非營利性環境。

在許多方面，應用消費者行為的原理於非營利性環境就
類似於應用這些原理於私人企業。在許多層面上，我們可預
期消費者對待一位政客的態度就類似於他們如何對待一罐青
豆。這也就是說，如同前面的章節所描述的，刺激情境將會
影響社會背景和文化背景中的內在歷程、意向和行為。當
然，非營利性環境的應用與私人企業的應用之間也存在有某
些明顯的差異。如 Green(1980) 所指出的，非營利性機構的
產品（例如，宗教信仰；高速公路安全手冊）可能通常要比一罐
青豆更具情緒上的涉入。 Novelli(1980) 曾討論非營利性環境
的應用與私人企業的應用之間的某些實際差異。例如，因為
非營利性環境中的產品可能較具情緒上的涉入，因此，也就
較難取得消費者信念的準確指數。換句話說，當人們告訴
你，他們偏好某種品牌的青豆時，這可能要比當他們告訴你
他們上教堂的情形或他們在高速公路上的開車速度時來得誠
實。這種較高的情緒涉入的另一個意涵是：非營利性環境可
能特別是應用情緒反應的各種原理（第 6 章中所論述的）的有
效背景。例如，恐懼訴求可能是影響上教堂的情形，以及影
響高速公路上的開車速度的較有效方式——比起透過恐懼訴
求來影響人們對清涼飲料或青豆的選擇。

當然，前面章節中所呈現的各種原理被隱含地、無意地
應用於非營利性環境已有幾個世紀之久。然而，某些資料
（例如，「 Advertising increasing…… 」 1980 ）指出，正式地、有
意地應用於非營利性環境的發展可以追溯到「戰時廣告評議
會」的成立。「戰時廣告評議會」(War Advertising Council) 於

1941 年珍珠港事件之後正式設立，它的宗旨是在於把廣告企
業的資源交由美國政府來支配。爲了支援前線的戰力，「戰
時廣告評議會」發起了許多公衆服務活動，諸如倡導在各地
建造「勝利花園」、森林火災的預防、以及戰爭公債的購
買。二次世界大戰之後，「戰時廣告評議會」改制爲「廣告
評議會」，繼續貢獻其資源於非營利性的公益活動（參考圖
13.1）。關於有意地應用廣告原理於非營利性環境，另一個
關鍵性事件是 Philip Kotler 和 Sidney Levy（1969）所提出的
論文，文中詳細闡述私人企業中所發展出的行銷技巧如何可
被有效應用於各種非營利性環境。15 年之後，這樣的應用已
幾乎是尋常可見，我們以下考慮其中某些例子。

一、宗教

　　許多有關宗教組織的「商業」刊物（例如，「Advertising
your....」，1977;「Religious media's ....」,1978）曾探討過將宗
教視爲可以應用消費者行爲的原理來解釋的非營利性領域的
可能性。Dunlap 和 Rountree（1981）曾提出私人企業的消費者
行爲的屬性與宗教組織的消費者行爲的屬性之間的一些相似
之處。例如，在宗教團體的背景中，其產品是「探索個人與
上帝之間的關係」。同樣的，與這項產品有關的成本則是從
事義務工作所需的時間和精力，以及提供給教會的教區稅和
捐款。「傳播福音」則是由說服性的訴求所組成，而這成爲
教會信徒／消費者的刺激情境的重要成份（參考圖 13.2）。最
後，消費者行爲的這些重要成份將可在社會和文化的背景中
運作。

I SHOULD'VE VOTED.

You know that's what
you're going to say if your
candidate doesn't win.

**Bill Cosby
says:
"Help us
help vets."**

**American
Red Cross**

圖 13.1　廣告評議會的一個廣告示例

　　Ries 和 Trout(1981) 描述了如何應用市場空間的原理來處
理天主教徒的出席率日益減退的問題。梵諦岡第二次公教會
議（ Vatican Ⅱ Council, 1962-1965 ）提出了天主教會可採行的一
些改革之道：許多教條和規定可以酌情廢除；禮拜儀式儘量
本土化（ 例如，將祝禱文譯成當地會眾所使用的語言 ）。 Ries 和
Trout 認為這些改革使得天主教會移離它過去一直所占據身
為「法典的傳授者」的位置，但卻未以任何方式重新界定天
主教會。因此，從信徒（ 可視為是天主教會之性靈產品的消費者 ）

圖 13.2　這些廣告所傳達的訊息主要是針對宗教團體背景中的
　　　　消費者

的信念結構的角度來看，教會不再是過去以來一直的樣子，但也未建立起任何新形象。根據 Ries 和 Trout 的看法，梵諦岡第二次公教會議並未使天主教會從消費者市場空間中的某個位置移到另一個位置。反而，梵諦岡第二次公教會議只是使得天主教會移離它在市場空間中舊有的位置，但並未把天主教會放置在新的位置上。這種「無定位」的結果是信徒的出席率（上教會）降低，新進神父、修士和修女的數量減少，以及教會對世事的影響力大為減退。 Ries 和 Trout 建議天主教會在不違背梵諦岡第二次公教會議的改革理念的情況下，重新界定自己的新位置為「福音的傳授者」。這種重新界定產品／組織的目的是在於「使上帝常存於每個新世代人們的心中，並遵循祂的神諭來解決每個時代的問題」（Ries & Trout, 1981, p.204）。雖然這個建議並未被天主教會的行政當局所採納，但它說明了如何應用消費者行為的原理於宗教組織的非營利性環境中。

Blackwell, Engel 和 Talarzyk(1977) 描述了評估巴西長老會教徒之需求的一項嘗試。他們發現，相對於巴西其他的基督教教派而言，長老會的教徒對於學習研讀聖經的方式，表現出較低的求變需求；但對於學習愛他人的方式上，卻表現出較高的求變需求。當檢定出這些領域的相對需求之後，這提供了長老教會的傳道者在佈道時訴諸於特定的某些動機，以便維持（並或許增進）教友的出席率和參與程度。

關於應用消費者行為的原理於宗教團體上，我們可在知名的電視佈道家 Robert Schuller 的嘗試中找到一個最直爽的實例。 Schuller 在加州的 Garden Grove Community 教會設立於一家露天汽車電影院之中； Schuller(1974) 形容這所教會是「一座為上帝而設的購物中心」。

二、犯罪制裁

Tuck(1979) 曾對於應用消費者行為的原理於犯罪制裁系統的可能性提供了一份相當具有洞察力的分析。這個應用領域的一個重要問題牽涉到犯罪制裁系統對於罪犯的影響。從這個角度來看，我們可把（潛在的或實際的）罪犯看作是被法律所禁止的某些產品（例如，謀殺、強暴、偷竊）的消費者。因此，防治措施可看作是試圖使這些產品對罪犯而言較不具吸引力（例如，提高該產品的價格，減低對該產品的動機，減除對該產品的正面情感），並同時增進其他產品（良好行為）對罪犯的吸引力。大量犯罪學方面的研究正針對於找出有效的防治措施的決定因素。

死刑這個引起熱烈爭辯的刑罰，因為缺乏任何防治的效果，而在某些地區遭到嚴厲批評（例如， Wolfgang, 1978; National Research Council, 1978 ）。然而，近期的某些研究指出，死刑可能實際上具某種限度的防治效果。 Phillips(1980) 檢驗英國每個星期的兇殺案件的統計數字與公開處決的事件（只針對那些引起媒體注意、並擴大報導的處決事件）之間的關係。 Phillips 的分析顯示：在公開處決犯人的前一週、當週、以及後一週中，兇殺案件的數量實質地降低下來；然而，在公開處決犯人之後的第三、四、五週，兇殺案件的數量卻相應地提升了。因此，如同 Phillips(1980) 所註解的，「絞刑台確實具有嚇阻的作用，但只有短暫的效果」(p.145)。令人感到興趣的是， Phillips 也發現，媒體對處決事件的渲染程度（根據該條新聞在倫敦泰晤士日報的版面上所占篇幅的大小）與執行處決那個星期的兇殺案件的下降數量之間具有顯著相

關。這顯然證實了在這個特殊的非營利性環境中,個體接觸產品的頻率與產品接納(這裡所接納的產品是指行為合法,避免殺害他人的行為)之間具有顯著的、短暫的關係。

　　Phillips 的研究顯示了、公開懲罰可以在短期內產生嚇阻的效果,透過使這種懲罰更為公開化(更為渲染),這種嚇阻效果將可更為增進。Serrill(1983) 曾描述一件在許多方面都相當獨特的判決案例,這個案例或許可為上述的效果提供一個例證。南卡羅萊納州的三名男子坦承連續輪暴一位體重僅80 磅的女子達 6 小時之久。法官 C. Victor Pyle 要求三名被告在兩種判刑中作個選擇: 30 年的監禁或自願去勢。這樁官司目前仍在上訴之中。當然,就如同死刑一樣,這類判決引起了大量倫理上和道德上的爭議。然而,消費者心理學家可把這個情境視為是探討這類判決的嚇阻力量對未來同類行為的影響的大好機會。如果三名被告的上訴被駁,而 Pyle 法官的判決(不論是那一種)付諸執行的話,這對該地區往後幾個星期或幾個月內的強暴案件的數量將會造成什麼影響?這樣的影響(如果有的話)是否將會隨著媒體對判決過程的大肆報導而增強呢?

　　除了犯罪制裁系統對罪犯的影響之外,Tuck(1979)認為我們也應該從消費者行為的觀點來考慮犯罪制裁系統對於一般大眾的影響。例如,Blackwell 等人 (1977) 曾描述 1970年代中期在德州達拉斯所實施之「擴大民眾參與的犯罪防治計畫」。這個計畫的主題是「不要自討苦吃」,並以此為背景製作了許多電視廣告,告訴市民們如何採取一些簡單的預防措施,以減低自己成為強暴、竊盜等罪行的受害者的機率。許多都會地區都已設立了報案專用的三位數緊急電話號碼(例如,911),這些三個數字的電話號碼通常張貼在遍佈

市區各個角落的廣告招牌上，就位於啤酒和青豆的廣告的旁邊。如前面所提，犯罪制裁系統中有許多層面是針對一般的消費大眾，近期流行的包括「打擊犯罪」的活動，以及「操作化的驗認（罪犯）」（參考圖 13.3）。

三、節約能源

1970 年代末期和 1980 年代初期所發生的能源危機，迫使消費者、政治家和社會科學家開始關心如何解決迅速消耗、日漸枯竭的能源。在 1974 年之前，關於如何應用消費者心理學的原理於節約能源的問題上，每年發表的專業論文平均不到 15 篇；但到了 1980 年時已上升到每年 150 篇 (McDougall, Clanton, Ritchie & Anderson, 1981)。在 1980 年代，天然氣和石油的價格（或多或少）已穩定下來，汽車在設計上也較為省油，房屋也大多加裝隔熱設施。或許是出於這些變動，雖然節約能源仍然是一個活躍而引人入勝的研究領域，但這方面的研究多少已冷卻下來。

在這個領域中，經常被探討的一個研究方向是：個體對節約能源的態度與個體實際的節約能源的行為之間的關係。這可算是我們在第 8 章所討論的態度與行為之間一致性問題的一個特例。例如，Heslop, Moran 和 Cousineau(1981) 發現個體的價格意識是預測能源消耗的唯一態度變項；具有高度價格意識的人們要比低度價格意識的人們較可能廣泛節約能源。至於個體的能源意識、節約意識、或是個體對社會責任的態度都無關於他的能源消耗行為。事實上，住宅特性和家庭大小才是能源消耗的最佳指標。同樣的，Verhallen 和 Van Raaij(1981) 發現個體對住家舒適性的態度，個體的能源意識

圖 13.3　在犯罪制裁系統的背景中，針對一般大眾的訊息的
　　　　示例

和價格意識大致上都與能源使用無關；而住宅的特性則與能
源使用有密切相關。這些研究人員建議，有志於倡導節約能

源的決策者應該把重點放在住家的改良，而不是意識的提升。

　　爲何個體預存的態度不能作爲個體使用能源的行爲的良好指標？這存在許多原因。這裡所考慮的行爲在許多方面非常不同於其他類型的消費者行爲。對於許多利潤導向的產品類別而言，所要求的只是消費者在 A 品牌與 B 品牌之間作個選擇。然而，能源消耗通常需要透過獨特類型的組合數值來度量。瓦斯錶或電錶上的讀數除了反映溫度調節器的溫度設定外，也反映了其他一些事情。即使把溫度調節器設定在同樣的刻度上，能源消耗也將受到下列因素的影響：住所的隔熱程度、住所相對於自然防風林、樹蔭和其他建築物的方位、當時的天氣狀況、處於當天的什麼時段、冷暖氣機的年齡和效能，以及其他熱源的運轉（例如，太陽能鑲板、燒柴的壁爐）。第 8 章所引用的研究已證實，當態度和意向同所涉及的行爲同樣具有高度明確性時，這時候的態度、意向和行爲之間將具有高度緊密的關聯。因此，個體對家庭節約能源的態度可能相當能夠預測溫度調節器所設定的溫度（但這個數值很少在這類研究中被利用到）。然而，個體的這方面態度可能無法相當準確預測電錶的讀數──出於前面所提的那些週邊因素的影響。

　　即使是設定溫度調節器的溫度這麼簡單而直接的行爲，也可能摻雜了立即的、短暫的結果以及持續的、長期的結果。有別於選擇某種品牌的蘇打汽水，溫度調節器的溫度設定對於家庭的成本和健康具有持續而長遠的影響。有別於選擇某種廠牌的汽車，溫度調節器的溫度設定對於身體的舒適和輕鬆具有立即而短暫的影響。因此，根據態度的測量來預測節約能源的行爲似乎涉及相當複雜的因素，這將繼續挑戰

消費者心理學家。

　　在這個領域中，另一個研究方向是試著度量節約能源計畫的效果。例如， 1979 年，美國能源部在新英格蘭的六個州實施一項名爲低成本／免成本的節約能源計畫。這項計畫包括直接分發宣傳能源效率的手册給四百五十萬戶家庭，一項範圍廣泛的付費廣告活動，以及各種公共關係的活動，諸如記者招待會或舉辦脫口秀。 Huttton 和 McNeill （1981）檢驗這項計畫的效果，他們發現閱讀低成本／免成本的節約能源手册與節約能源的行爲之間具有正相關，這表示該計畫（部分地）是成功的。 Yates 和 Aronson（1983）檢驗由「家庭節約能源服務中心」所設計並施行的住家能源審核計畫的效果，也得到類似的發現。

　　就如同在私人企業中一樣，心理描述法在非營利性環境中也同樣可以發揮效用。例如， Belk, Painter 和 Semenik （1981） 發展出一套根據與節約能源有關聯的認知來區分消費者的心理描述法。具體而言，他們根據消費者認爲能源危機應該歸因於個人因素（個人使用能源的方式），或應該歸因於非個人因素（諸如石油輸出國組織（OPEC）或石油公司），而對消費者加以分類。那些認爲能源危機是出於個人使用能源方式的人們傾向於（通常也實際採行）以個人自願的節約能源來解決該問題。另一方面，那些把能源危機怪罪於 OPEC 和石油公司的消費者傾向於採取非個人的解決方式，也就是認爲政府應該實施強制的節約，並應對石油公司施加壓力。考慮這種心理描述法的意涵，其好消息是節約能源計畫對於大部分把能源短缺歸因於個人使用的人們將可奏效；其壞消息是節約能源計畫對於大部分把能源短缺歸因於大企業的人們可能無法奏效。但眞正的壞消息是，後者這部分人們原本就最不可

能自願從事節約，因此也是最需要培養節約能源的習慣的人們。

四、政治活動

　　將消費者行為的原理應用於政治領域已有相當久的傳統了。McGinnis 所著的《如何推銷總統》（1969），以及White 有關《總統的塑造》叢書（1960, 1964, 1968, 1972, 1976）中充滿了各種實例，說明政治人物如何關心媒體使用、印象整飾、說服、以及先前所描述的其他變項。例如，White(1972) 曾描述羅斯福 (Franklin Roosevelt) 在 1944 年的總統大選期間，如何在某個晚上巧妙地拆掉了杜威 (Thomas E. Dewey) 所安排好的表演舞台。羅斯福在美國國家廣播網 (NBC Radio) 預約了 15 分鐘的時段，而杜威則預約了緊接其後的 15 分鐘的時段，以便趁此機會接近羅斯福固有的聽眾，設法說服他們轉變立場。然而，羅斯福在 15 分鐘的時段中只講了 14 分鐘，並在最後這整整 1 分鐘中完全保持沈默。根據報導，全國各地的聽眾都認為美國國家廣播網在總統的演講結束後，就終止了當天所有的廣播節目；因此，所有這些聽眾開始調整頻道收聽其他廣播電台。其結果是當杜威的廣播演說開始時，數以百萬前 1 分鐘還在收聽羅斯福演講的聽眾早已流失了。

　　尼克森 (Richard Nixon) 為了與各種次級團體中擁有良好聲望的領導人士攀上關係，他做出了一些出於政治動機的舉動。例如，尼克森釋放了因罪入獄的前運輸工會理事長Jimmy Hoffa。幾個月之後，運輸工會 250 萬個成員投桃報李，他們為尼克森的候選資格背書。同樣的，尼克森陪同來

美訪問的墨西哥總統「周遊」芝加哥、德州和洛杉磯等城市，其目的是透過對來訪的拉丁美洲領袖或政要的禮遇，試圖使美國的拉丁美洲裔選民對他留下良好印象。

我們在前面章節中所討論的各種原理能否應用於政治環境呢？其答案是肯定的，Friedman, DiMatheo 和 Mertz（1980）已提出這方面的某些證據。在 1976 年美國總統大選的前一個月，這些研究人員把電視新聞主播當播報有關卡特（Jimmy Carter）或福特（Gerald Ford）的新聞時的臉部表情錄影收集起來。然後，這些研究人員請來 40 位觀察者，請他們判斷每種臉部表情在正面——負面維度上所占的位置（在消音的情況下）。結果顯示這些主播的臉部表情存在有系統化的型態。例如，Walter Cronkite 和 Harry Reasoner（這兩位皆是美國知名的電視新聞主播）當播報卡特的新聞時要比當播報福特的新聞時露出較正面的臉部表情。另一方面，John Chancellor 和 Barbara Walters（這兩位也是著名的電視新聞主播）當播報福特時要比當播報卡特時露出較正面的臉部表情。

這些微妙的偏差可能已不知不覺地傳達給每晚固定收看某家電視新聞的消費者。當考慮到情感反應的各種古典制約作用時（第 6 章討論過），這種可能性就愈發值得我們重視。在這樣的作用中，電視人物外顯的愉快反應（例如，臉部表情）剛好作為非制約刺激，可以引起觀看電視的消費者的正面情緒反應。如同圖 13.4 所描繪的，觀眾因為重複接觸到某位公職候選人與某位新聞主播對該候選人之微妙反應之間的配對呈現，這就為觀眾對該候選人之正面情感反應的替代性古典制約作用佈置好了舞台。例如，因為某位公職候選人的姓名重複地與某位新聞主播合意的政治立場（也就是，該候選人在某些重要議題上的主張是這位新聞主播相當贊同的）配對呈

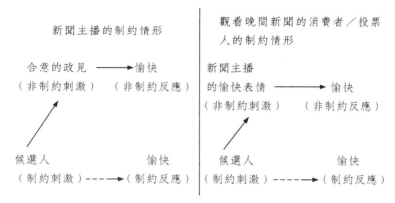

圖 13.4 這個流程說明由於新聞主播的臉部表情，促成了消費者／投票人對該候選人之情緒反應的替代性古典制約作用。

現，這可能使得這位新聞主播受到制約而對該候選人的姓名產生愉快反應。對於在晚間新聞中觀看到這種重複聯結的消費者／投票人而言，該候選人的姓名重複地與該新聞主播正面的臉部表情聯結在一起，這將引發消費者／投票人一種替代性的愉快反應。我們需要注意的是，當這種情形發生在甲候選人（引起新聞主播的微笑表情）身上時，互補的歷程可能同時發生在乙候選人（引起新聞主播的皺眉）的身上。

Mullen 等 (1986) 針對這個推論方向，探討了 1984 年的總統大選。他們採取與 Friedman 等人同樣的操作程序。研究結果顯示， Peter Jennings（一位知名的新聞主播）當播報雷根 (Ronald Reagan) 的新聞時要比播報孟代爾 (Walter Mondale) 的新聞時露出較正面的臉部表情；至於另兩大電視網的主播， Tom Brokaw 和 Dan Rather 當播報孟代爾或雷根時在臉部表情上並未顯露任何差異。大選之後， Mullen 等人挑選五個州進行一項電話調查，他們發現收看 Peter Jennings 報

導新聞的觀衆要比收看 Brokaw 或 Rather 的觀衆較可能把選票投給雷根。這暗示著一個相當令人無可奈何的可能性：一個微笑就可能改變總統的選情！

懸疑作家 Robert Bloch 在他的短篇小說《 Show Biz 》(1959) 中曾預期到這樣的思考路線，其先知之明可說有些令人不寒而慄。

在這篇小說中，一位不具名的教授與該國最大廣告公司的總裁舉行一次秘密會議，這次會議是爲了找出一種方法來培養最具效能的政治人物。

> 當我開始研究你所提到的這些事情的時候——有關演藝界人士如何藉著顧問、製造人和技術專家的身分逐漸滲透到政治圈，以及他們如何試著訓練我們的政治人物和官員成爲演員一般——有個念頭突然閃進了我的心裡，爲什麼不找演員呢？……你自己就曾說過，以目前心理學的技術水準，任何人只要是家世清白、尚未表明自己的政治態度，都可被塑造成一位政治人物。其訣竅在於教導他當在公開場所露面時，如何恰如其份地展現自己的言行舉止。那麼何必把時間浪費在那些不知道如何扮演自己角色的糟老頭或自我中心的個人英雄主義者身上？如果政治就是做秀，爲什麼不一開始就把這個角色分配給合適的演員？(Bloch, 1959, P.66)

附帶一提的是，這位不具名的教授在小說的結尾時遭到謀殺，顯然是因爲他會談的那些人們已開始實行這樣的策略，他們希望能夠保持這個秘密。雖然有些幻想的成分，但這仍然是一個引人興趣的觀念：一位成功的政治家可由一位知道如何「在觀衆面前表演」（取悅觀衆）的演員開始塑造

起。

五、結論

　　如同本章開頭時提過的，上述這四個應用領域只是所有可能的非營利性環境實際應用中的一部分。近幾年來，許多引人興趣的非營利性環境的應用已被開發出來。例如，Robertson(1971) 曾擴展這類分析於醫療保健系統的使用上，藉以找出醫療保健系統中何種類型的屬性將會提高或減低消費者的使用率。 Cameron, Oskamp 和 Sparks(1977) 以及 Harrison 和 Saeed(1977) 曾檢驗專為約會伴侶或徵婚而刊登的「寂寞芳心」報紙廣告。他們發現男性刊登的廣告與女性刊登的廣告之間存在著互補的差異（例如，女性尋求的是經濟保障，所供應的是外表吸引力；男性所供應的是經濟保障，尋求的是外表吸引力。同時參考下面的趣味欄）。 Pessemier ， Bemmaor 和 Hanssens(1977) 曾檢視過人類器官的捐贈； Burnkrant 和 Page(1982) 曾檢視過捐血的行為──兩者都是從消費者心理學的觀點來探討。 Hyman(1977) 以及 Hankiss(1980) 曾針對詐欺行家（可被視為是相當具有效力的一種推銷員）的行騙技巧提供富有洞察力的分析。

　　將消費者心理學的概念和原理擴展到上述以及其他新奇的領域，這使得消費者心理學家有機會為當前的社會問題貢獻心力。但可能更重要的是，當從事這些應用和擴展的同時，我們也有必要對這些概念和原理的類推性和實用性作最嚴格的測試。這將可使這個研究領域更具活力，也可導致消費者心理學的理論基礎更為完善。隨著這些應用領域愈趨多樣化，我們可以不斷尋求新的研究主題；除了人類互動的界

限以及我們的想像力之外，再也沒有什麼東西能夠限制我們。

趣味欄

TLC for DWMs and SWFs

Classified love ads are a booming business

At a few dollars or so per line, they are the natural outlet of the discreet, the sincere and the sensitive, all seeking kindred spirits for meaningful relationships. Classified love ads, once relegated primarily to non-mainstream papers like New York City's *Village Voice* and the sex magazines, are now blossoming almost everywhere. In the ad columns of at least 100 magazines and newspapers, even in dailies like the Chicago *Tribune*, armies of hopeful DWMs and SWFs seek mergers as POSSLQs (translation: divorced white males and single white females wish to unite as persons of the opposite sex sharing living quarters).

Analysts and advertisers seem to agree that love ads are now an important part of the mating game. "Your Aunt Susan isn't going to find anyone for you," complains Philadelphia Businesswoman Cari Lyn Vinci, who has met 25 men by using ads. Adds Edwin Roberts, manager of classifieds for *New York* magazine: "If you talk to people who go to singles bars, you just hear a lot of frustration."

The most successful ads seem to indicate a quivering sensibility or a rakish, humorous personality, perhaps with a naughty hint of "life in the fast lane." The

New York Review of Books often features a mock high-cultural tone ("Man who is a serious novel would like to hear from a woman who is a poem"). Sincere is the lowest-ranking adjective, says Sherri Foxman, author of a new book on the subject, *Classified Love.* "If you write 'Sincere woman seeking sincere man,' you're going to get 25 boring letters." Since standards of accuracy are not always rigorous,

the words slim and attractive are not taken literally. Susan Block, a Los Angeles writer, says "the most frequent complaint from men is that the women weigh more than they say. The women complain that the men are flaky."

The recently divorced, along with homosexuals newly out of the closet, use the ads to find quick action. Senior citizens, the handicapped ("I walk with a cane") and those with concerns ("SWM . . . seeks WF WITHOUT HERPES") can come right to the point without hours of social jousting. Once

the natural home of kinks and losers, the classified personals now attract people known to advertisers as "upscale." Even the *Village Voice,* which handles about 50,000 replies to love personals each year, says its audience is "mid-30s, affluent, with many professionals."

Some of the publications do have taboos. The Chicago *Tribune,* which runs love ads Mondays and Fridays, does a brisk business among the divorced, but takes no marrieds. Most large newspapers and city magazines turn down blatantly kinky ads, but a few slip by the censors in disguise. "I love wearing makeup" is a semisubtle hint at transvestism. At the *Voice* almost anything goes. "We allow people to describe themselves fully," says Associate Publisher John Evans, "but we don't allow things like mention of body parts."

A cottage industry is springing up around the ads. Author Foxman runs a classified love telephone line in Cleveland. Entrepreneur Vinci started a similar service in Philadelphia. Author Lynn Davis offers a three-hour workshop in New York City called "Personal Ads, Why Not?" Vi Rogers, editor of National Singles Register, a tabloid published in Southern California with many pages of personals, says the search for love, and not just sex, is producing the boom. "I never realized how many men wanted to get married in Southern California," she says. "Men and women today want the same thing: romance, love and commitment."

(*Time*, 1983, January 10, p. 65. Copyright © 1983 Time Inc., reprinted by permission.)

參考資料

Ackoff, R. L., & Emshoff, J. R. (1975). Advertising research at Anheuser-Busch, Inc. *Sloan Management Review, 16,* 1-15.

Adams, H. F. (1920). *Advertising and its mental laws.* New York: Macmillan.

Adams, S. (1965). Inequity in social exchange. In L. Berkowtiz (Ed.), *Advances in experimental social psychology* (Vol. 2, pp. 267-299). New York: Academic Press.

Adorno, T. W., Frenkel-Brunswik, E., Levinson, D. J., & Sanford, R. N. (1950). *The authoritarian personality.* New York: Wiley.

Advertising increasing in "non-commercial" uses.(1980). *Advertising Age, 51,* 104-114.

Advertising your church. (1977). *Christianity Today, 22,* 30-31.

Ajzen, I., & Fishbein, M. (1980). *Understanding attitudes and predicting behavior.* Englewood Cliffs, NJ:Prentice-Hall.

Albers, S. (1982). PROPOPP: A program package for optimal positioning of a new product in an attribute space. *Journal of Marketing Research, 19,* 606-608.

Allport, G. W. (1935). Attitudes, In C. Murchison (Ed.), *A handbook of social psychology* (pp. 798-844), Worchester, MA: Clark University Press.

Allport, G. W. (1937). *Personality: A psychological interpretation.* New York: Holt.

Allport, G. W. (1961). *Pattern and growth in personality.* New York: Holt, Rinehart & Winston.

Anderson, J. R., & Jolson, M. A. (1980). Technical wording in advertisements. *Journal of Marketing, 44,* 57-66.

Andren, G. (1980). The rhetoric of advertising. *Journal of Communication, 30,* 74-80.

Arch, D. C. (1979). Pupil dilation measures in consumer research: Application and limitations. *Advances in Consumer Research, 6,* 166-169.

Arndt, J.(1967). Role of product related conversations in the diffusion of a new product. *Journal of Marketing Research, 4,* 291-295.

Arndt, J. (1968). Word-of-mouth advertising and perceived risk. In H. H. Kassarjian & T. S. Robertson(Eds.), *Perspectives in consumer behavior*(pp. 330-336). Glenview, IL: Scott, Foresman.

Asch, S. E. (1955). Opinions and social pressure. *Scientific American,193.* 31-35.

Asimov, I. (1980). Advertising in the year 2000. *Advertising Age, 5 1,* 98-102.

Assael, H. (1981). *Consumer behavior and marketing action.* Boston, MA: Kent.

Atkin, C. (1975a). Parent-child communication in supermarket breakfast cereal selection. In *Effects of TV advertising on children* (Report#7). East Lansing, MI: Michigan State University.

Atkin, C. (1975b). Survey of children's and mother's responses to TV commercials. In *Effects of TV advertising on children*(Report # 8). East Lansing, MI: Michigan State University.

Atkin, C.K. (1978a). Observations of parent-child interaction in supermarket decision-making. *Journal of Marketing, 42,* 41-45.

Atkin, C. K. (1978b). Effects of proprietory drug advertising on youth, *Journal of Communication, 28,* 71-79.

Atkin, C., & Bolck, M. (1983). Effectiveness of celebrity

endorsers. *Journal of Advertising Research, 23,* 57-61.

Aycrigg, R. H. (1981). Coupon distribution and redemption patterns. In *NCH Reporter.* Northbrook, IL: A. C. Neilson.

Bacon, J. J. (1974). Arousal and the range of cue utilization. *Journal of Experimental Psychology. 102,* 81-87.

Bagozzi, R. P. (1978). Salesforce performance and satisfaction as a function of individual differences, interpersonal, and situational factors. *Journal of Marketing Research, 15,* 517-531.

Bagozzi, R. P. (1981). Attitudes, Intentions, and behavior: A test of some key hypotheses. *Journal of Personality and Social Psychology, 41,* 607-627.

Bambic, P. (1978). *An interpersonal influence study of source acceptance in industrial buyer-seller exchange process: An experimental approach.* Unpublished doctoral dissertation, Graduate School of Business, Pennsylvania State University.

Bandura, A. (1971a). *Social learning theory.* Morristown, NJ: General Learning Press.

Bandura, A. (1971b November). *Modeling influences on children.* Testimony to the Federal Trade Commission.

Bandura, A. & Rosenthal, T. L. (1966). Vicarious classical conditioning as a function of arousal level. *Journal of Personality and Social Psychology, 3,* 54-62.

Bandura, A., Ross, D., & Ross, S. A. (1961). Transmission of aggression through imitation of aggressive models. *Journal of Abnormal and Social Psychology, 63,* 575-582.

Banks, S. (1950). The relationship between preference and purchase of brands. *Journal of Marketing, 14,* 145-157.

Baron, R. A., & Byrne, D. (1977). *Social psychology,* Boston, MA: Allyn & Bacon.

Baron, R. A., & Byrne, D. (1987). *Social psychology: Understanding human interaction.* Boston: Allyn & Bacon.

Barry, H. (1958). Effects of strength of drive on learning and extinction. *Journal of Experimental Psychology, 55,* 473-481.

Bauer, R. A., & Greyser, S. A. (1968). *Advertising in America: The consumer view.* Cambridge, MA: Harvard University Press.

Baumeister, R. F. (1982). A self-presentational view of social phenomena. *Psychological Bulletin, 91,* 3-26.

Bayton, J. A. (1958). Motivation, cognition, learning-basic factors in consumer behavior. *Jouranl of Marketing, 22,* 282-289.

Becherer, R. C., & Richard, L. M. (1978). Self-monitoring as a moderating variable in consumer behavior. *Journal of Consumer Research, 5 ,* 159-162.

Belch, G. E. (1982). Effects of television commercial repetition on cognitive responses and message acceptance. *Journal of Consumer Research, 9,* 56-65.

Belk, R., Painter, J., & Semenik, R. (1981). Preferred solutions to the energy crisis as a function of causal attributions. *Journal of Consumer Research, 8,* 306-312.

Bem, D. J. (1965). An experimental analysis of self-persuasion, *Journal of Experimental Social Psychology, 1,* 199-218.

Bem, D. J. (1972). Self-perception theory, In L. Berkowitz (Ed.), *Advances in experimental social psychology*(Vol. 6, pp. 1-62), New York: Academic Press.

Benedict, R. (1934), *Patterns of culture,* Boston, MA: Houghton-Mifflin.

Bentler, P. M., & Speckart, G. (1981). Attitudes cause behaviors: A structural equations analysis. *Journal of Personality and Social Psychology, 40,* 226-238.

Berey, L. A., & Pollay, R. W. (1968). The influencing role of the child in family decision making. *Journal of Marketing Research, 5,*

70-72.

Berlin, B., & Kay, P. (1969). *Basic color terms: Their universality and evolution.* Berkeley, CA: University of California Press.

Berger, S. M. (1962). Conditioning through vicarious instigation. *Psychology Review, 69,* 450-466.

Bernal, G., & Berger, S. M. (1976). Vicarious eyelid conditioning. *Journal of Personality and Social Psychology, 34,* 62-68.

Best food day build up may spurt new coupon usage. (1983, March). *Marketing Communications,* pp. 47-49.

Bettman, J. R. (1979). Memory factors in consumer choice: A review. *Journal of Marketing, 43,* 37-53.

Bierley, C., McSweeney, F. K., & Van Nieuwkerk, R. (1985). Classical conditioning of performances for stimuli. *Journal of Consumer Research, 12,* 316-323.

Bishop, D. W., & Ikeda, M. (1970). Status and role factors in the leisure behavior of different occupations. *Sociology and Social Research, 54,* 190-208.

Blackwell, R. D., Engel, J. F., & Talarzyk, W. W. (1977). *Contemporary cases in consumer behavior.* Hinsdale, IL: Dryden.

Blake, B., Perloff, R., & Heslin, R. (1970), Dogmatism and acceptance of new products. *Journal of Marketing Research, 7,* 483-486.

Blanchard, E. B., & Young, L. B. (1973). Self-control of cardiac functioning: A promise as yet unfulfilled. *Psychological Bulletin, 79,* 145-163.

Blattberg, R. (1980). Ad impact data due for big improvement. *Advertising Age, 51,* 154-156.

Bloch, R. (1959). Show biz. *Ellery Queen's Mystery Magazine, 24,* 1-7.

Bolles, R. C. (1967). *Theory of motivation.* New York: Harper & Row.

Bourne, F. S. (1956). *Group influence in marketing and public relations. Ann Arbor, MI: Foundation for Research on Human Behavior.*

Bower, G. H., Munteiro, K, P., & Gilligan, S. G. (1978). Emotional mood is a context for learning and recall. *Journal of Verbal Living and Verbal Behavior, 17,* 573-585.

Brean, H. (1958, March 31). What hidden sell is all about. *Life,* 104-114.

Brehm, J. W. (1956). Post-decision changes in the desirability of alternatives. *Journal of Abnormal and Social Psychology, 52,* 384-389.

Brehm, J. W. (1966). *A theory of psychological reactance.* New York: Academic Press.

Brock, T. C. (1965). Communicator-recipient similarity and decision change. *Journal of Personality and Social Psychology, 1,* 650-654.

Brodlie, J. F. (1972). Drug abuse and television viewing patterns. *Psychology, 9,* 33-36.

Bruner, J. J., & Postman, L. (1951). An approach to social perception. In W. Dennis (Ed.), *Current trends in social psychology* (pp, 310-343). Pittsburgh, PA: University of Pittsburgh Press.

Buchanan, D. B., & Agatstein, F. C. (1984, March). *Person positively bias in the evaluation of consumer products.* Paper presented at the annual meeting of the Eastern Psychological Association, Baltimore, MD.

Bunn, D. W. (1982). Audience presence during breaks in television programs. *Journal of Advertising Research, 22,* 35-39.

Burger, J. M., & Petty, R. E. (1981). The low-ball compliance technique: Task or person commitment? *Journal of Personality and Social Psychology, 40,* 492-500.

Brunkrant, R. E., & Page, T. J. (1982). An examination of the convergent, discriminant, and predictive validity of Fishbein's behavioral intention. *Journal of Marketing Research, 19,* 550-561.

Burns, A. C., & Granbois, D. H. (1977). Factors moderating the resolution of preference conflict in family automobile purchasing. *Journal of Marketing Research, 14,* 77-86.

Busch, P., & Wilson, D. T. (1976). An experimental analysis of a salesman's expert and referent bases of social power in the buyer-seller dyad. *Journal of Marketing Research, 13,* 3-11.

Butter, E. J., Popovich, P. M., Stockhouse, R. H., & Garner, R. K. (1981). Discrimination of television programs and commercials by pre-school; children. *Journal of Advertising Research, 21,* 53-56.

Byrne, D. (1959). The effect of a subliminal food stimulus on verbal responses. *Journal of Applied Psychology, 43,* 249-252.

Cameron, C., Oskamp, S., & Sparks, W. (1977). Courtship American style: Newspaper ads. *Family Coordinator, 26,* 27-30.

Cannon, W. B. (1929). *Bodily changes in pain, Hunger, fear, and rage,* New York: Appleton-Century.

Cantor, J., Zillmann, D., & Bryant, J. (1975). Enhancement of experienced sexual arousal in response to erotic stimuli through misattribution of unrelated residual excitation. *Journal of Personality and Social Psychology, 32,* 69-75.

Capella, L. M., Schnake, R., & Garner, J. (1981, November). *The impact of rock group influence upon consumer purchasing decisions.* Paper presented at the annual meeting of the southern Management Association, Atlanta, GA.

Capretta, P. J., Moore, M. J., & Rossiter, T. R. (1973). Establishment and modification of food and taste preferences: Effects of experience. *Journal of Genetic Psychology, 89,* 27-46.

Cardozo, R. N. (1965). An experimental study of consumer effort, expectation, and satisfaction. *Journal of Marketing Research, 2,* 248-254.

Carey, R. J., Clicque, S. H., Leighton, B. A., & Milton, F. (1976). A test of positive reinforcement of customers, *Journal of Marketing, 40,* 98-100.

Carman, F. M. (1973). A summary of empirical research on unit pricing in supermarkets. *Journal of Retailing, 48,* 63-71.

Cartwright, D. (1949). Some principles of mass persuasion: Selected findings of research on the sale of U.S. war bonds. *Human Relations, 2,* 253-267.

Carver, C. S., & Scheier, M. F. (1981). *Attention and self-regulation: A control theory approach to human behavior.* New York: Springer-Verlag.

Chaves, J. F., & Barber, T. X. (1973). Needles and knives: Behind the mystery of acupuncture and Chinese Manderans. *Human Behavior, 2,* 19-24.

Cheskin, L. (1957). *How to predict what people will buy.* New York: Liveright.

Childers, T. L. (1986). Assessment of the psychometric properties of an opinion leadership scale. *Journal of Marketing Research, 23,* 184-188.

Children's Review Unit, Council of Better Business Bureaus. (1977). *Children's advertising guidelines.* New York: Better Business Bureaus.

Cialdini, R. B., Cacioppo, J. T., Bassett, R., & Miller, J. A. (1978). Low-ball procedure for producing compliance: Commitment then cost. *Journal of Personality and Social Psychology, 36,* 463-476.

Cialdini, R. B., & Schroeder, D. A. (1976). Increasing compliance by legitimizing paltry contributions: When even a penny helps. *Journal of Personality and Social Psychology, 34,* 599-604.

Cialdini, R. B., Vincent, J. E., Lewis, S. K., Catalan, J., Wheeler, D & L Danby, B. L. (1975). Reciprocal concessions procedure for inducing compliance: The door-in-the-face technique. *Journal of Personality and Social Psychology, 31,* 206-215.

Clancy-Hepburn, K. (1974). Children's behavior responses to TV food advertisements. *Journal of Nutrition Education, 6,* 93-96.

Clee, M., & Wicklund, R. (1980). Consumer behavior and psychological reactance. *Journal of Consumer Research, 6,* 389-405.

Coca-Cola turns to Pavlov. (1984, January 19). *Wall Street Journal,* p. 31.

Cohen, J. B. (1967). An interpersonal orientation of the study of consumer behavior. *Journal of Marketing Research, 4,* 270-278.

Coleman, J. S., Katz, E., & Menzel, H. (1966). *Medical innovation: A diffusion study. Indianapolis,* IN: Boobs-Merrill.

Collins, A. M., & Loftus, E. F. (1975). A spreading-activation theory of semantic processing. *Psychological Review, 82,* 407-428.

Coors vs. Coors. (1984, February 6). *Time,* p. 51.

Copulsky, W., & Marton, K. (1977). Sensory cues. *Product Marketing, 6,* 31-34.

Cotton, P, C., & Babb, E. M. (1978). Consumer response to promotional deals. *Journal of Marketing, 42,* 109-113.

Cottrell, N. B. (1972). Social facilitation. In C. G. McClintock (Ed.), *Experimental social psychology* (pp. 185-236). New York: Holt, Rinehart & Winston.

Cowles, J. T. (1937). Food tokens as incentives for learning by chimpanzees. *Comparative Psychological Monographs, 14,* No. 5.

Cox, D. F. (1961). Clues for advertising strategists. *Harvard Business Review, 39,* 160-176.

Craig, K. D., & Weinstein, M. S. (1965). Conditioning vicarious affective arousal. *Psychology Reports, 17,* 955-963.

Crutchfield, R. S. (1955). Conformity and character. *American Psychologist, 10,* 191-198.

Cunningham, I. C. M., & Green, R. T. (1974). Purchasing roles in the U. S. family, 1955 and 1973. *Journal of Marketing, 38,* 61-64.

Darwin, C. (1965). *The expression of emotions in man and animals.* Chicago, IL: University of Chicago Press. (Originally published 1872)

Davis, H. L. (1976). Decision making within the household. *Journal of Consumer Research, 2,* 241-260.

Davis, H. L., & Rigaux, B. P. (1974). Perception of marital roles in decision processes. *Journal of Consumer Research, 1,* 51-62.

Deci, E. L. (1971). Effects of externally mediated rewards on intrinsic motivation. *Journal of Personality and Social Psychology, 18,* 105-115.

Deering, B. J., & Jacoby, J. (1972, November). *Price intervals and individual price limits determinants of product evaluation and selection.* Paper presented at annual convention of Association for Consumer Research.

Deese, J., & Carpenter, J. A. (1951). Drive level and reinforcement. *Journal of Experimental Psychology, 42,* 236-238.

DeJong, W. (1979). An examination of self-perception mediation of the foot-in-the -door effect. *Journal of Personality and Social Psychology, 37,* 2221-2239.

DellaBitta, A. J., & Monroe, K. B. (1974). The influence of adaptation levels on subjective price perceptions. In S. Ward & P. Wright (Eds.). Advances in consumer *research* (Vol. 1. pp. 359-369). Urbana, II: Association for Consumer Research.

Demby, E. (1974). Psychographics and from whence it came. In W. D. Wells (Ed.), *Life and psychographics*(pp. 1-20). Chicago, IL: American Marketing Association.

Dennis, W. (1957). Use of common objects as indicators of cultural orientations. *Journal of Abnormal and Social Psychology, 55,* 21-28.

Deslauriers, B. C., & Everett, P. B. (1977). The effects of intermittent and continuous token reinforcement on bus ridership. *Journal of Applied Psychology, 62,* 369-375.

Dholakia, R. R., & Sternthal, B. (1977). Highly credible sources: Persuasive facilitators or persuasive liabilities? *Journal of Consumer Research, 3,* 223-232.

Dichter, E. (1962). The world customer. *Harvard Business Review, 40,* 113-122.

Dichter, E. (1964). *Handbook of consumer motivations.* New York: McGraw-Hill.

Dodson, J. A., Tybout, A. M., & Sternthal, B. (1978). Impact of deals and deal retraction on brand switching. *Journal of Marketing Research, 15,* 72-81.

Doerfler, L. G., & Kramer, J. C. (1959). Unconditioned stimulus strength and the galvanic skin response. *Journal of Speech and Hearing Research, 2,* 184-192.

Doob, A. J., Carlsmith, J. M., Freedman, J. L., Landauer, T. K., & Soleng, T. (1969). Effect of initial selling price on subsequent sales. *Journal of Personality and Social Psychology, 11,* 345-350.

Duncker, K. (1938). Experimental modification of children's food preferences through social suggestion. *Journal of Abnormal and Social Psychology, 33,* 489-507.

Duncan, J. W., & Laird, J. D. (1980). Positive and reverse Pleabo effects as a function of differences in cues used in self-perception. *Journal of Personality and Social Psychology, 39,* 1024-1036.

Dunlap, B. J., & Rountree, W. D. (1981, November). *A proposed marketing model for religious organizations.* Paper presented at the annual meeting of the Southern Marketing Association, Atlanta,

GA.

Eagly, A. H. (1983). Gender and social influence: A social psychological analysis. *American Psychologist, 38,* 971-981.

Eagly, A H., & Chaikan, S. (1975). An attribution analysis of the effect of communication characteristics on opinion change: The case of communicator attractiveness. *Journal of Personality and Social Psychology, 32,* 136-144.

Easterbrook, J. A. (1959). The effect of emotion on cue utilization and organization of behavior. *Psychological Review, 66,* 187-201.

Eckstrand, G., & Gilliland, A. R. (1948). The psychogalvanometric method for measuring the effectiveness of advertising. *Journal of Applied Psychology, 32,* 415-425.

Edwards, A. L. (1954). *Manual for the Edwards Personal Preference Schedule.* New York: Psychological Corporation.

Ekman, P., & Friesen, W. V. (1971). Constants across cultures in the face and emotion. *Journal of Personality and Social Psychology, 17,* 124-129.

Ellis, M. (1986, January 10). Tired of bull at the meat market. *Herald Journal,* p. 12.

Emery, F. (1970). Some psychological aspects of price. In B. Taylor & G. Wills (Eds.), *Pricing strategy* (pp. 99-111). Princeton, NJ: Brandon/Systems Press.

Engel, J. F., Blackwell, R. D., & Kollat, D.T.(1978). *Consumer behavior.* Hinsdale, IL: Dryden.

Engel, J. F., Fiorillo, H. F., *Market segmentation: Concepts and applications.* New York: Holt, Rinehart & Winston.

Engel, J. F., Kollat, D. T., & Blackwell, R. D. (1969). Personality measures and market segmentation. *Business Horizons, 12,* 61-70.

Evans, F. B. (1963). Selling as a dyadic relationship: A new approach. *American Behavior Scientist, 6,* 76-79.

Feinberg, R. A., Mataro, L., & Burroughs, W. J. (1983, May). *Fashion and social indentity.* Paper presented at the annual meeting of the Midwestern Psychological Association, Chicago, IL.

Festinger, L. A. (1954). A theory of social comparison processes. *Human Relations, 40,* 427-448.

Festinger, L. (1957). *A theory of cognitive dissonance.* Stanford, CA: Stanford University Press.

Fishbein, M. (1979). A theory of reasoned action: Some applications and implications. In H. Howe & M. Page (Eds.), *Nebraska Symposium on Motivation* (pp. 65-116). Lincoln, NE:University of Nebraska Press.

Fishbein, M., & Ajzen, I. (1972). Attitudes and opinions. *Annual Review of Psychology, 23,* 487-544.

Fishbein, M., & Ajzen, I. (1975). *Belief, attitude, intention, & behavior: An introduction to theory and research.* Reading, MA: Addison-Wesley.

Flesch, R. (1949). *The art of readable writing.* New York: Harper & Row.

Foster, D., Pratt, C., & Schwortz, N. (1955). Variation in flavor judgements in a group situation. *Food Research, 20,* 539-544.

Freedman, J. L., & Fraser, S. C. (1966). Compliance without pressure: The foot-in-the-door technique. *Journal of Personality and Social Psychology, 4,* 195-202.

Frideres, J. S. (1973). Advertising, buying patterns, and children. *Journal of Advertising Research, 13,* 34-36.

Friedman, H. S., DiMatteo, M. R., & Mertz, T. I. (1980). Nonverbal communication on television news: Facial expressions of broadcasters during coverage of a presidential election campaign. *Personality and Social Psychology Bulletin, 6,* 427-435.

Fry, J. M., & Siller, F. H. (1970). A comparison of housewife deci-

sion making in two social classes. *Journal of Marketing Research,
8,* 333-337.

Gaedeke, R. M. (Ed.).(1977). *Marketing in private and public
nonprofit organizations.* Santa Monica, CA: Goodyear Publishing.

Garreau, J. (1981). *The nine nations of North America.* New York:
Avon.

Geen, R. G., & Bushman, B. J. (1987). Drive theory: Effects of
socially engendered arousal. In B. Mullen & G. R. Goethals
(Eds.), *Theories of group behavior* (pp. 89-109). New York:
Springer-Verlag.

Geistfeld, L. V. (1982). The price-quality relationship revisited.
Journal of Consumer Affairs, 16, 334-335.

Gerstner, E. (1985). Do higher prices signal higher quality? *Journal
of Marketing Research, 22,* 209-215.

Gillig, P. M., & Greenwald, A. G. (1974). Is it time to lay the
sleeper effect to rest? *Journal of Personality and Social Psychology,
29,* 132-139.

Ginzberg, E.(1936). Customary prices. *American Economic Review,
26,* 296.

Gnepp, E. H. (1979). The psychology of advertising. *Psychology, 16,*
1-6.

Goethals, G. R. (1976). An attributional analysis of some social
influence phenomena. In J. H. Harvey, W. J. Ickes, & R. F.
Kidd(Eds.), *New directions in attribution research* (Vol. 1, pp. 291-
310). Hillsdale, NJ:Lawrence Erlbaum Associates.

Goethals, G. R., & Ebling, T. A. (1975). *A study of opinion compar-
ison.* Unpublished manuscript, Williams College, Williamstown,
MA.

Goethals, G. R., & Nelson, E. R. (1973). Similarity in the influ-
ence process: The belief value distinction. *Journal of Personality*

and Social Psychology, 25, 117-122.

Goethals, G. R., Reckman, R. F., & Rothman, J. (1973). *Impression management as a determinant of attitude statements.* Unpublished manuscript, Williams College, Williamstown, MA.

Goldberg, M. E., & Gorn, G. J. (1978). Some unintended consequences of TV advertising to children. *Journal of Consumer Research, 5,* 22-29.

Goldman, M.,& Creason, C. R. (1981). Inducing Compliance by a two-door-in -the-face procedure. *Journal of Social Psychology, 114,* 224-235.

Goldsen, R. K. (1978). Why television advertising is deceptive and unfair. *ETC, 35,* 354-375.

Gorn, G. J. (1982). The effects of music in advertising on choice behavior: A classical conditioning approach. *Journal of Marketing, 46,* 94-101.

Gorn, G. J., & Goldberg, M. E. (1980). Children's responses to repetitive television commercials. *Journal of Consumer Research, 7,* 421-424.

Gorn, G. J., & Goldberg, M. E. (1982). Behavioral evidence of the effects of televised food messages on children. *Journal of Consumer Research, 9,* 200-205.

Gouldner, A. W. (1960). The norm of reciprocity: A preliminary statement. *American Sociological Review, 25,* 161-178.

Graham, S. (1956). Class and conservation in the adaption of innovations.*Human Relations, 9,* 91-100.

Granbois, D. H. (1968). Improving the study of customer in-store behavior. *Journal of Marketing, 32,* 28-33.

Green, P. (1980). Huge growth expected in issues/causes advertising. *Advertising Age, 51,* 66-68.

Green, P. E., & Wind, Y. (1975). New way to measure consumers' judgements. *Harvard Business Review, 53,* 107-117.

Greenberg, H., & Mayer, D. (1964). A new approach to the scientific selection of successful salesmen. *Journal of Psychology, 57,* 113-123.

Gregg, V. H. (1976). Word frequency, recognition and recall. In J. Brown (Ed.), *Recall and recognition* (pp. 183-216). London: Wiley.

Grubb, E. L., & Hupp, G. (1968). Perception of self, generalized stereotypes and brand selection. *Journal of Marketing Research, 5,* 58-63.

Gruder, C. L., Cook, T. D., Hennigan, K. M., Flay, B. R., Alessis, C., & Halamaj, J. (1978). Empirical tests of the absolute sleeper effect produced from the discounting cue hypothesis. *Journal of Personality and Social Psychology, 36,* 1061-1074.

Guttman, N., & Kalish, H. I. (1956). Discriminability and stimulus generalization. *Journal of Experimental Psychology, 51,* 79-88.

Haire, M. (1950). Projective techniques in marketing research. *Journal of Marketing, 14,* 649-652.

Haley, R. I., & Case, P. B. (1979). Testing thirteen attitude scales for agreement in brand discrimination. *Journal of Marketing, 43,* 20-32.

Hall, E. T. (1960). The silent language in overseas business. *Harvard Business Review, 38,* 87-96.

Halpern, R. S. (1967). Application of pupil response to before and after experiments. *Journal of Marketing Research, 4,* 320-321.

Hankiss, A. (1980). Games consumers play: The semiosis of deceptive interaction. *Journal of Communication, 30,* 104-112.

Hannah, D. B., & Sternthal, B. (1984). Detecting and explaining the sleeper effect. *Journal of Consumer Research, 11,* 632-642.

Harris, V. A., & Jellison, J. M. (1971). Fear-arousing communications, fake physiological feedback, and the acceptance of recommendations. *Journal of Experimental Social Psychology, 7,* 269-279.

Harrison, A. A., & Saeed, L. (1977). Let's make a deal: An analysis of revelations and stimulations in lonely hearts advertisements. *Journal of Personality and Social Psychology, 35,* 257-264.

Hartley, R. E. (1968). Personal characteristics and acceptance of secondary groups as reference groups. In H. H. Hyman & E. Singer (Ed.), *Reading in reference group theory and research* (pp. 1-36). New York: The Free Press.

Haugh, L. J. (1983). Pass the coupon please. *Advertising Age, 54,* 11-30.

Hawkins, D. (1970). The effects of subliminal stimulation on drive level and brand preference. *Journal of Marketing Research, 7,* 322-326.

Heberlein, T. A., & Black, J. S. (1976). Attitudinal specificity and the prediction of behavior in a field setting. *Journal of Personality and Social Psychology, 33,* 474-479.

Hecker, S. (1981). A brain-hemisphere orientation toward concept testing. *Journal of Advertising Research, 21,* 55-60.

Heider, F. (1958). *The psychology of interpersonal relations.* New York: Wiley.

Heimbach, J. T., & Jacoby, J. (1972, November). The Zaigarnik effect in advertising. *Proceedings of the annual conference of the Association for Consumer Research,* pp. 746-758.

Heller, N. (1956). An application of psychological learning theory to advertising. *Journal of Marketing, 20,* 248-254.

Helson, H. (1964). *Adaptation-level theory: An experimental and systematic approach to behavior.* New York: Harper.

Henion, K. E. (1976). *Ecological marketing.* Columbus, OH: Grid.

Heron House. (1978). *The book of numbers.* New York: Author.

Hesolp, L., & Ryans, A. B. (1980). A second look at children and the advertising of premiums. *Journal of Consumer Research, 6,* 414-420.

Heslop, L. A., Moran, L., & Cousineau, A. (1981). 'Consciousness' in energy conservation behavior: An exploratory study. *Journal of Consumer Research, 8,* 299-305.

Hess, E. (1965). Attitude and pupil size. *Scientific American, 212,* 46-54.

Hess, E. H. (1972). Pupillometrics: A method of studying mental, emotional, and sensory processes, In N. S. Greenfield & R. A. Sternbach (Eds.), *Handbook of psychophysiology* (pp. 491-531). New York: Holt, Rinehart & Winston.

Hess, E. H., & Polt, J. M. (1960). Pupil size as related to interest value of visual stimuli. *Science, 132,* 349-350.

Hillman, B., Hunter, W. S., & Kimble, G. A. (1953). The effect of drive level on the maze performance of the white rats. *Journal of Comparative and Physiological Psychology, 46,* 87-89.

Holbrook, M. B., & Lehmann, D. R. (1980). Form vs. content in predicting starch scores. *Journal of Advertising Research, 20,* 55-62.

Hollingshead, A. B., & Redlich, F. C. (1958). *Social class and mental illness.* New York: Wiley.

Horney, K. (1945). *Our inner conflicts.* New York: Norton.

Horowitz, I. A., & Kaye, R. S. (1975). Perception and advertising. *Journal of Advertising Research, 15,* 15-21.

Hovland, C. I. (Ed.).(1957). *The order of presentation in persuasion.* New Haven, CT: Yale University Press.

Hovland, C. I., Lumsdaine, A. A., & Scheffield, F. D.(1949). *Experiments on mass Communication. Princeton,* NJ:Princeton University Press.

Hovland, C. I., & Weiss, W. (1951). The influence of source credibility on communication effectiveness. *Public Opinion Quarterly, 15,* 635-650.

How much do consumers know about retail prices? (1964). *Progressive Grocer, 43,* c104-c106.

How important is position in consumer magazine advertising? (1964, June). *Media/Scope,* pp. 52-57.

Howard, J. A. (1977). *Consumer behavior: Application of theory.* New York: McGrawHill.

Howard, J. A., & Sheth, J. (1969). *The theory of buyer behavior.* New York: Wiley.

Howell, W. (1976). *Essentials of industrial and organizational behavior.* Homewood, IL: Dorsey.

Hsu, F. L. K. (1970). *Americans and Chinese: Purposes and fulfillment in great civilization.* Garden City, NY: Natural History Press.

Hulse, J. H., Deese, J., & Egeth, H. (1975). *The psychology of learning.* New York: McGraw-Hill.

Husband, R. W. (1953). *The psychology of successful selling.* New York: Harper & Row.

Hutton, R. B., & McNeill, D. L. (1981). The value of incentives in stimulating energy conservation. *Journal of Consumer Research, 8,* 291-298.

Hyland, M., & Birrell, J. (1979). Government health warnings and the "boomerang" effect. *Psychology Reports, 44,* 643-647.

Hyman, R. (1977). "Cold reading": How to convince strangers that you know all about them. *The Zetetic, 1,* 18-37.

Jacoby, J. (1971). A model of multi-brand loyalty. *Journal of Advertising Research, 11,* 26-35.

Jacoby, J., Speller, D. E., & Kohn, C. A. (1974). Brand choice behavior as a function of information load. *Journal of Marketing Research, 11,* 63-69.

James, W. (1980). Principles of psychology. New York: Holt.

Janisse, M. P. (1973). Pupil size and affect: A critical review of the literature since 1960. *Canadian Psychologist, 14,* 311-329.

Janisse, M. P. (1974). Pupil size, affect, and exposure frequency. *Social Behavior and Personality, 2,* 125-146.

Johnson, H. H., & Watkins, T. A. (1971). The effects of message repetition on immediate and delayed attitude change. *Psychonomic Science, 22,* 101-103.

Johnson, R. M. (1971). Market segmentation: A strategic management tool. *Journal of Marketing Research, 8,* 13-18.

Johnston, C. (1988). A message from our sponsor. *PC Computing, 10,* 56.

Jones, E. E., Davis, K. E., & Gergen, K. J. (1961). Role playing variations and their informational value for person perception. *Journal of Abnormal and Social Psychology, 63,* 302-310.

Jones, E. E., & Harris, V. A. (1967). The attribution of attitudes. *Journal of Experimental Social Psychology, 3,* 2-24.

Jones, R. A., & Brehm, J. W. (1970). Persuasiveness of one-sided and two-sided communications as a function of awareness there are two sides. *Journal of Experimental Social Psychology, 6,* 47-56.

Kahle, L. R. (1986). The nine nations of North America and the value basis of geographic segmentation. *Journal of Marketing, 50,* 37-47.

Kanti, V., Rao, T. R., & Sheikh, A. A. (1978). Mother vs.commercial . *Journal of Communication, 28,* 91-96.

Kanungo, R. N., & Johar, J. S. (1975). Effects of slogans and human model characteristics in product advertisements. *Journal of Behavior Science, 7,* 127-138.

Kassarjian, H. H., & Robertson, T. S.(Eds.). (1981). *Perceptions in consumer behavior.* Glenview, IL:Scott, Foresman.

Katona, G. (1960). *The powerful consumer.* New York: McGraw-Hill.

Katz, E. (1957). The two-step flow of communication: An up-to-date report of an hypothesis. *Public Opinion Quarterly, 21,* 67-78.

Katz, W. A. (1983). Point of view: A critique of split brain theory. *Journal of Advertising Research, 23,* 63-66.

Kaufman, L. (1980). Prime-time nutrition. *Journal of Communication, 30,* 37-46.

Kelley, H. H. (1967). Attribution theory in social psychology. In D. Levine (Ed.), *Nebraska Symposium on Motivation* (pp. 192-238). Lincoln, NE: University of Nebraska Press.

Kelley, H. H. (1973). The Processes of causal attribution. *American Psychologist, 28,* 107-128.

Kelman, H. C., & Cohler, J. (1959, March). *Reactions to persuasive communications as a function of cognitive needs and styles.* Paper presented at the 30th annual meeting of the Eastern Psychological Association. Atlantic City, NJ.

Kelman, H. C., & Hovland, C. I. (1953). Reinstatement of the communicator in analyzed measurement of opinion change. *Journal of Abnormal and Social Psychology, 48,* 327-335.

Kendler, H. H. (1945). Drive interaction: II. Experimental analysis of the role of drive in learning theory. *Journal of Experimental Psychology, 35,* 188-198.

Keyes, B. W. (1980). *The clam-plate orgy and other subliminal techniques for manipulating your behavior.* Englewood Cliffs, NJ: Prentice-Hall.

King, A (1981, November). *Beyond proposities: Towards a theory of addictive consumption.* Paper presented at the annual meeting of the American Marketing Association, Washington, DC.

King, A. S. (1972). Pupil size, eye direction, and message appeal: Some preliminary findings. *Journal of Marketing, 36,* 55-57.

Kintsch, W. (1970). Models for free recall and recognition. In D. A. Norman (Ed.), *Models of human memory* (pp. 331-373). New York: Academic Press.

Kintsch, W.(1977). *Memory and cognition,* New York:Wiley.

Kirchner, W. K., & Dunnette, M. D. (1959). How salesmen and technical men differ in describing themselves. *Personnel Journal, 37,* 418.

Klein, G. S., Spence, D, P., & Holt, R. R. (1958). Cognition without awareness. *Journal of Abnormal and Social Psychology, 57,* 255-266.

Kling, J. W., & Riggs, L. A. (Eds.).(1972). *Woodworth and Scholsberg's experimental psychology.* New York: Holt, Rinehart & Winston.

Knox, R. E., & Inkster, J. A. (1968). Post-decision dissonance at post-time. *Journal of Personality and Social Psychology, 8,* 319-323.

Koffka, K. (1935). *Principles of gestalt psychology.* New York: Harcourt, Brace.

Kohn, M. L. (1963). Social class and parent-child relationships: An interpretation. *American Journal of Sociology, 68,* 471-480.

Komarovsky, M. (1961). Class differences in family decision making. In N. N. Foote (Ed.), *Household decision making* (pp. 255-265). New York: New York University Press.

Komorita, S. S., & Brenner, A. R. (1968). Bargaining and concession making under bilateral monopoly. *Journal of Personality and Social Psychology, 9,* 15-20.

Konecni, V. J., & Slamenka, N. J. (1972). Awareness in verbal non-operant conditioning. *Journal of Experimental Psychology, 94,* 248-254.

Koponen, A. (1960). Personality characteristics of purchases. *Journal of Advertising Research, 1,* 6-12.

Kotler, P. (1975). *Marketing for nonprofit organizations.* Englewood Cliffs, NJ: Prentice-Hall.

Kotler, P. (1976). *Marketing management: Analysis, Planning, and control.* Englewood Cliffs, NJ: Prentice-Hall.

Kotler, P. (1983). *Principles ·of marketing.* Englewood Cliffs, NJ: Prentice-Hall.

Kotler, P., & Levy, J. J. (1969). Broadening the concept of marketing. *Journal of Marketing, 33,* 10-15.

Kotzan, J. A., & Evanson, R. V. (1969). Responsiveness of drug store sales to shelf-space allocations. *Journal of Marketing Research, 6,* 465-469.

Kover, A. J. (1967). Models of men as defined by marketing research. *Journal of Marketing Research, 4,* 129-132.

Kozyris, P. J. (1975). Advertising intrusion: Assault on the senses, trespass on the mind- A remedy through separation. *Ohio State Law Journal, 36,* 299-347.

Kroeber-Riel, W. (1979). Activation research: Psychological approaches in consumer research. *Journal of Consumer Research, 5,* 240-250.

Krugman, H. E. (1965). The impact of television advertising without involvement. *Public Opinion Quarterly, 29,* 349-356.

Krugman, H. E. (1983). Television program interest and commercial interruption. *Journal of Advertising Research, 23,* 21-23.

LaBarbera, P. & MacLachlan, J. (1979). Time-compressed speech in radio advertising. *Journal of marketing, 43,* 30-36.

Laird, J. D. (1974). Self-attribution of emotion: The effects of expressive behavior on the quality of emotional experience. *Journal of Personality and Social Psychology, 42,* 646-657.

Lambert, Z. V. (1975). Perceived prices as related to odd and even price endings. *Journal of Retailing, 51,* 13-22.

Lamont, L. M., & Lundstrom, W. J. (1977). Identifying successful industrial salesmen by personality and personal characteristics. *Journal of Marketing Research, 14,* 517-529.

Lavidge, R. J., & Stiener, G. A. (1961). A model for predicting measurements of advertising effectiveness. *Journal of Marketing, 25,* 59-62.

Lazarus, R. J., & McCleary, R. A. (1951). Autonomic discrimination without awareness: A study of subception. *Psychology Review, 58,* 113-122.

Lazarus, R. S., Cohen, J. B., Folkman, S., Kanner, A., & Schaefer, C. (1980). Psychological stress and adaptation. Some unresolved issues. In H. Selye (Ed.),*Guide to stress research* (pp. 330-350). New York: Van Nostrand Reinhold.

Leading National Advertisers, Inc. (1980). *LNA Advertising $ Summary.* Norwalk, CT: Author.

Leavitt, C. (1961). Intrigue in advertising: The motivating effects of visual organization. *Proceedings of the 7th Annual Conference (Advertising Research Foundation)* (pp. 126-136). Chicago, IL: Leo Burnett Co.

Lesser, J. A., & Hughes, M. A. (1986). The generalizability of psychographic market segments across geographic locations. *Journal of Marketing, 50,* 18-27.

Leventhal, H. (1970). Findings and theory in the study of fear communications. In L. Berkowitz (Ed.). *Advances in experimental social psychology* (Vol. 5, pp. 119-186). New York: Academic Press.

Leventhal, H. (1974). Emotions: A basic problem for social psychology. In C. Nemeth (Ed.), *Social psychology: Classic and contemporary integrations* (pp. 1-51). Chicago, IL: Rand-McNally.

Levy, S. J.(1966). Social class and consumer behavior. In J. W.

Newman (Ed.), *On knowing the consumer* (pp. 146-160). New York: Wiley.

Levy, S. J., & Glick, I. O. (1962). *Living with television.* Hawthorne, NY: Aldine.

Liebert, R. M., Sprafkin, J. N., & Davidson, E. S. (Eds.). (1982). *The early window: Effects of television on children and youth.* New York: Pergamon Press.

Loftus, G. R., & Loftus, E. F. (1976). *Human memory: The processing of information.* Hillsdale, NJ:Lawrence Erlbaum Associates.

Lovelock, C. H. (Ed.). (1977). *Nonbusiness marketing cases.* Boston, MA: Intercollegiate Case Clearing House.

Lovelock, C. H., & Weinberg, C. B. (1978). Public and nonprofit marketing comes of age. In G. Zaltman & T. Bonoma (Eds.), *Review of marketing 1978* (pp. 215-240). Chicago, IL:American marketing Association.

Lumsdaine, A. A., & Janis, I. L. (1953).Resistance to counterpropaganda produced by one-sided propaganda presentations. *Public Opinion Quarterly, 17,* 311-318.

Lynch, J. G., & Srull, T. K. (1982). Memory and attentional factors in consumer choice: Concepts and research methods. *Journal of Consumer Research, 9,* 18.

Macht, M. L., Spera, N. E., & Lewis, D. J. (1977). State-dependent retention in humans induced by alterations in affective state. *Bulletin of the Psychonomic Society, 10,* 415-418.

Malinowski, B. (1953). *Sex and repression in savage society.* London, England: Routledge & Keegan Paul.

Marder, E., & David, M. (1961). Recognition of ad elements: Recall or projection? *Journal of Advertising Research, 1,* 23-25.

Marinho, H. (1942). Social influence in the formation of enduring preferences. *Journal of Abnormal and Social Psychology, 37,* 448-

468.

Marshall, G., & Zimbardo, P. G. (1979). Affective consequences of inadequately explained physiological arousal. *Journal of Personality and Social Psychology, 37,* 970-988.

Maslach, C. (1979). Negative emotional biasing of unexplained arousal. *Journal of Personality and Social Psychology, 37,* 953-969.

Maslow, A. H. (1937). The influence of familiarization on preference. *Journal of Experimental Psychology, 21,* 162-180.

Maslow, A. H. (1943). A theory of human motivation. *Psychological Review, 50,* 370-396.

Maslow, A. H. (1970). *Motivation and personality.* New York: Harper & Row.

Massy, W. F., & Frank, R. E. (1965). Short term price and dealing effects in selected market segments. *Journal of Marketing Research, 2,* 171-185.

May, M. A. (1948). Experimentally acquired drives. *Journal of Experimental Psychology, 38,* 66-77.

McCartney, J. (1963, February 25). Drug promotion appeal directed at doctor's ego. *Chicago Daily News.*

McClelland, D. C., & Atkinson, J. W. (1948). The projective expression of needs: In the effects of different intensities of the hunger drive on perception. *Journal of Psychology, 25,* 205-232.

McCrary, J. W., & Hunter, W. S. (1953). Serial position curves in verbal learning. *Science, 117,* 131-134.

McCullough, L., & Ostrom, T. M. (1974). Repetition of highly similar messages and attitude change. *Journal of Applied Psychology, 59,* 395-397.

McDougall, G. H. G., Clanton, J. D., Ritchie, J. R. B., & Anderson, C. D. (1981). Consumer energy research: A review. *Journal of Consumer Research, 8,* 343-354.

McGinnis, J. (1969). *The selling of the president 1968.* New York: Trident Press.

McGuire, W. J. (1969). *An information processing model of advertising effectiveness.* Paper presented at the symposium on Behavioral and Management science in Marketing, Center for continuing Education, University of Chicago, Chicago, IL.

McGuire, W. J. (1974). Psychological motives and communication gratification. In J. G. Blumler & E. Katz (Eds.), *The uses of mass communications: Current perspectives on gratifications research* (pp.412-435). Beverly Hills, CA: Sage.

McGuire, W. J. (1976). Some internal psychological factors influencing consumer choice. *Journal of Consumer Research, 2,* 302-319.

McSweeney, F. K., & Bierley, C. (1984). Recent developments in classical conditioning. *Journal of Consumer Research, 11,* 619-631.

Menzel, H., & Katz, E. (1955). Social relations and innovation in the medical profession: The epidemiology of a new drug. *Public Opinion Quarterly, 19,* 337-352.

Merriam, J. F, (1955). Up and down or all across-How should you stack soup? In H. Brenner (Ed.), *Marketing research pays off* (pp. 237-246). Pleasantville, NY: Printer's Ink Books.

Miller, G. A. (1956). The magical number seven, plus or minus two: Some limits on our capacity for processing information. *Psychological Review, 63,* 81-97.

Miller, N. E. (1948). Studies of fear as an acquirable drive: In fear as motivation and fear reduction as reinforcement in the learning of new responses. *Journal of Experimental Psychology, 38,* 89-101.

Miller, N. E. (1951). Learnable drives and rewards. In S. S. Stevens (Ed.), *Handbook of experimental psychology* (pp. 435-472). New York: Wiley.

Miller, N. E. (1969). Learning of visceral and glanduter responses. *Science, 163,* 434-449.

Miniard, P. W., & Cohen, J. B. (1981). An examination of the Fishbein-Ajzen behavioral intentions model's concepts and measures. *Journal of Experimental Social Psychology, 17,* 309-339.

Mittelstaedt, R. A. (1969). A dissonance approach to repeat purchasing behavior. *Journal of Marketing Research, 6,* 444-446.

Mittelstaedt, R. A., Grossbart, S. L., Curtis, W. W., & Devere, S. P. (1976). Optimal situation level and the adoption decision process. *Journal of Consumer Research, 3,* 84-94.

Mizerski, R. W., & Settle, R. B. (1979). The influence of social character on preference for social versus objective information in advertising. *Journal of Marketing Research, 16,* 552-558.

Monroe, K. B., & Petroshius, B. M. (1981). Buyers' perceptions of price: An update of the evidence. In H. H. Kassarjian, & T. S. Robertson (Eds.), *Perspectives in consumer behavior* (pp.43-55). Glenview, IL: Scott, Foresman.

Morris, R. T., & Bronson, C. S. (1969). The chaos in competition indicated by consumer reports. *Journal of Marketing, 33,* 26-43.

Morris, R. T., & Jeffries, V. (1970). Class conflict: Forget it! *Sociology and Social Research, 54,* 306-320.

Morrison, D. G. (1979). Purchase intentions and purchase behavior. *Journal of Marketing, 43,* 65-74.

Moschis, G. P. (1976). Social comparison and informal influence. *Journal of Marketing Research, 13,* 237-244.

Moschis, G. P., & Moore, R. L. (1979). Decision making among the young: A socialization perspective. *Journal of Consumer Research, 6,* 101-112.

Moschis, G. P., & Moore, R. L. (1981, November). *A study of the acquisition of desires for products and brands.* Paper presented at the annual meeting of the American Marketing Association, Washington, DC.

Mowen, J. C., & Cialdini, R. B. (1980). On implementing the door-in-the-face compliance technique in a business context. *Journal of Marketing research, 17,* 253-258.

Mullen, B. (1983). Operationalizing the effect of the group on the individual: A self-attention perspective. *Journal of Experimental Social Psychology, 19,* 295-322.

Mullen, B. (1984). Social psychological models of impression formation among consumers. *Journal of Social Psychology, 124,* 65-77.

Mullen, B., Atkins, J. L., Champion, D. S., Edwards, C., Hardy, D., Storey, J. E., & Vanderklok, M. (1985). The false consensus effect: A meta-analysis of 115 hypothesis tests. *Journal of Experimental Social Psychology, 21,* 262-283.

Mullen, B., Futrell, D., Stairs, D., Tice, D. M., Baumeister, R. F., Dawson, K. E., Riordan, C. A., Radloff, C. E., Goethals, G. R., Kennedy, J. G., & Rosenfeld, P. (1986). Newscasters' facial expressions and voting behavior of viewers: Can a smile elect a president:, *Journal of Personality and Social Psychology, 51,* 291-295.

Mullen, B., & Peaugh, S. (1985, March). *Augmentation in advertising: A meta-analysis of the effects of disclaimers.* Paper presented at the annual meeting of the Eastern Psychological Association, Boston, MA.

Murdock, G. P. (1949). *Social structure.* New York: MacMillan.

Murray, H. H. (1938). *Explorations in personality.* New York: Oxford University Press.

Myers, J. H., & Mount, J. (1973). More on social class vs. income as correlates of buyer behavior. *Journal of Marketing, 37,* 71-73.

Myers, J. H., & Reynolds, W. H. (1967). *Consumer behavior and marketing management.* Boston, MA: Houghton-Mifflin.

National Association of Broadcasters. (1976). *Advertising guidelines: Children's TV advertising.* New York: Author.

National Research Council. (1978). *Deterrence and incapacitation.* Washington, DC: National Academy of Sciences.

Naylor, J. C. (1962). Deceptive packaging: Are the deceivers being deceived? *Journal of Applied Psychology, 46,* 393-398.

Nebes, R. D. (1974). Hemispheric specialization in commissuro-tomized man. *Psychological Bulletin, 81,* 1-14.

Nelson, T. O. (1977). Repetition and depth of processing. *Journal of Verbal Learning and Verbal Behavior, 16,* 151-171.

Nemeth, C. (1985). Dissent, group process and creativity: The contribution of minority influence. In E. Lawler (Ed.), *Advances in group processes* (Vol. 2, pp. 57-75). Greenwich, CT: JAI Press.

A new look at coupons. (1976). *Nielsen Researcher, 1,* 8.

Newman, J. W., & Staelin, R. (1973). Information sources of durable goods. *Journal of Advertising Research, 13,* 19-29.

Newman, J. W., & Werbel, R. A. (1973). Multivariate analysis of brand loyalty for major household appliances. *Journal of Marketing Research, 10,* 404-409.

Newton, D. A. (1967). A marketing communication model for sales management. In D. F. Cox (Ed.), *Risk taking and information handling in consumer behavior.* Boston, MA: Graduate School of Business Administration, Harvard University.

Nisbett, R. E., & Gurwitz, S. (1970). Weight, sex, and the eating behavior of human newborns. *Journal of Comparative and Physiological Psychology, 73,* 245-253.

Nisbett, R. E., & Wilson, T. D. (1977). Telling more than we can know: Verbal reports on mental processes. *Psychological Review, 84,* 231-259.

Nord, W. R., & Peter, J. P. (1980). A behavior modification

perspective on marketing. *Journal of Marketing, 44,* 36-47.

Novelli, W. (1980). More effective social marketing urgently needed. *Advertising Age, 51,* 92-94.

Nwokoye, N. G. (1975, November). *Subjective judgements of price: The effects of price parameters on adaptation levels.* Paper presented at annual convention of the American Marketing Association, Chicago, IL.

Obermiller, C. (1985). Varieties of mere exposure. *Journal of Consumer Research, 12,* 17-30.

Olshavsky, R. W. (1973). Customer-salesmen interaction in appliance retailing. *Journal of Marketing Research, 10,* 208-212.

Osterhouse, R. A., & Brock, T. C. (1970). Distraction increases yielding to propaganda by inhibiting counter arguing. *Journal of Personality and Social Psychology, 15,* 355-358.

Oxenfeldt, A. R. (1950). Consumer knowledge: Its measurement and extent. *Review of Economics and Statistics, 32,* 300-314.

Pace, R. W. (1972). Oral communication and sales effectiveness. *Journal of Applied Psychology, 46,* 501-504.

Palda, K. S. (1966). The hypothesis of hierarchy of efforts. *Journal of Marketing Research, 3,* 13-24.

Pallak, S. R., Murroni, E., & Koch, J. (1983). Communicator attractiveness and exper tise, emotional vs. rational appeals, and persuasion: A heuristic vs. systematic processing interpretation. *Social Cognition, 2,* 122-141.

Parsons, T., Bales, R. F., & Shils, E. A. (1953). *Working papers in the theory of action.* Glencoe, IL: The Free Press.

Pavlov, 1. P. (1927). *Conditioned reflexes.* Oxford, England: Oxford University Press.

Pennington, A. (1968). Customer-salesmen bargaining behavior in retail transactions. *Journal of Marketing Research, 8,* 501-504.

Pessemier, E. A., Bemmaor, A. C., & Hanssens, D. M. (1977). Willingness to supply human body parts: Some empirical results. *Journal of Consumer Research, 4,* 131-140.

Peterson, L. R. (1969). Concurrent verbal activity. *Psychological Review, 76,* 376 -386.

Phillips, D. P. (1980). The deterrent effect of capital punishment: New evidence on an old controversy. *American Journal of Sociology, 86,* 139-148.

Plummer, J. T. (1971). Lifestyle patterns and commercial bank credit card usage. *Journal of Marketing, 35,* 35-41.

Poincare, J. H. (1908). *La Science et l'Hypothese.* In E. M. Beck (Ed.), *Bartlett's familiar quotations* (p. 229). Boston, MA: Little, Brown.

Poindexter, J. (1983). Shaping the consumer. *Psychology Today, 17,* 64-68.

Prost, J. H. (1974). An experiment on the physical anthropology of expressive gestures. In M. J. Leaf (Ed.), *Frontiers of anthropology* (pp. 261-289). New York: D. Van Nostrand.

Pruden, H. O., & Peterson, R. A. (1971). Personality and performance satisfaction of industrial salesmen. *Journal of Marketing Research, 8,* 501-504.

Pruitt, D. G., & Drews, J. L. (1969). The effects of time pressure, time elapsed, and the opponent's concession rate on behavior in negotiation. *Journal of Experimental Social Psychology, 5,* 43-60.

Rao, T. V., & Misra, S. (1976). Effectiveness of varying ads style on consumer orientation. *Vikalpz, 1,* 19-26.

Reckman, R. F., & Goethals, G. R. (1973). Deviancy and group orientation as determinants of group composition preferences. *Sociometry, 36,* 419-423.

Reed, O. L., & Coalson, J. L. (1977). Eighteenth-century legal doctrine meets twentiethcentury marketing techniques: FTC regulation of emotionally conditioning advertising. *Georgia Law Review, 11,* 733-782.

Reibstein, D. J., Lovelock, C. H., & Dobson, R. D. (1980). Direction of causalty between perceptions, affect & behavior: An application to travel behavior. *Journal of Consumer Research, 6,* 730-736.

Reingen, P. H. (1978). On the social psychology of giving: Door-in-the-face and when even a penny helps. *Advances in Consumer Research, 5,* 1-4.

Reingen, P. H., & Kernan, J. (1977). Compliance with an interview request: A foot-in the-door, self-perception interpretation. *Journal of Marketing Research, 14,* 365-369.

Religious media's spreading tentacles. (1978). *Christian Century, 95,* 203-204.

Rescorla, R. A. (1967). Pavlovian conditioning and its proper control procedures. *Psychological Review, 74,* 71-80.

Rescorla, R. A. (1968). Probability of shock in the presence and absence of CS in fear conditioning. *Journal of Comparative and Physiological Psychology, 66,* 105.

Resnick, A., & Stern, B. L. (1977). An analysis of information content in television advertising. *Journal of Marketing, 41,* 50-53.

Revett, J. (1975, March 17). FTC threatens big fines for undersized cigaret warnings. *Advertising Age, 46(11),* 1, 74.

Reynolds, F. D., & Darden, W. R. (1971). Mutually adaptive effects of interpersonal communication. *Journal of Marketing Research, 8,* 449-454.

Rich, S. V., & Jain, S. C. (1968). Social class and life cycle as predictors of shopping behavior. *Journal of Marketing Research, 5,* 41-49.

Ricks, D. A., Arpan, J. S., & Fu, M. J. (1975). *International business blunders.* Columbus, OH: Grid.

Ries, A., & Trout, J. (1981). *Positioning: The battle for your mind.* New York: McGraw Hill.

Riesman, D. (1950). *The lonely crowd.* New Haven, CT: Yale University Press.

Riesman, D., & Roseborough, H. (1955). Careers and consumer behavior. In L. Clark (Ed.), *Consumer behavior. Vol. II: The life cycle and consumer behavior* (pp. 1-18). New York: New York University Press.

Riesz, P. C. (1979). Price-quality correlations for packaged food products. *Journal of Consumer Affairs, 13,* 236-247.

Riley, D. A. (1968). *Discrimination learning.* Boston, MA: Allyn & Bacon.

Riordan, E. A., Oliver, R. L., & Donnelly, J. H. (1977). The unsold prospect: Dyadic and attitudinal determinants. *Journal of Marketing Research, 14,* 530-537.

Robertson, T. S. (1970). *Consumer hehavior.* Glenview, IL: Scott, Foresman.

Robertson, T. S. (1971). *Innovative hehavior and communication.* New York: Holt, Rinehart & Winston.

Robertson, T. S., & Rossiter, J. R. (1974). Children and commercial persuasion: An attribution theory analysis. *Journal of Consumer Research, 1,* 13-20.

Robertson, T. S., Be Rossiter, J. R. (1976). Short-run advertising effects on children: A field study. *Journal of Marketing Research, 13,* 68-70.

Robertson, T. S., Rossiter, J. R., & Gleason, T. C. (1979). *Televised medicine advertising and children.* New York: Praeger.

Rogers, E. M., & Shoemaker, F. F. (1971). *Communication of inno-*

vations. New York: The Free Press.

Rogers, D. (1959). Personality of the route salesman in a basic food industry. *Journal of Applied Psychology, 43,* 235-239.

Rogers, M. (1984, January 16). Selling psych-out software. *Newsweek, 103(3),* 52.

Rogers, R. W., & Mewborn, C. D. (1976). Fear appeals and attitude change: Effects of a threat's noxiousness, probability of occurrence, and the efficacy of coping responses. *Journal of Personality and Social Psychology, 34,* 54-61.

Rokeach, M. (1968). *Beliefs, attitudes, and values.* San Francisco, CA: Jossey-Bass.

Rosberg, J. W. (1956). How does color, size affect ad readership? *Industrial Marketing, 41,* 54-57.

Rosch, E. H. (1957). Cognitive representations of semantic categories. *Journal of Experimental Psychology: General, 104,* 192-233.

Rosenberg, M. J., & Hovland, C. I. (1960). Cognitive, affective, and behavioral components of attitudes. In C. I. Hovland & M. J. Rosenberg (Eds.), *Attitude organization and change* (pp. 1-14). New Haven, CT: Yale University Press.

Rosenfeld, P., Giacalone, R. A., & Tedeschi, J. T. (1981). *Enhancement of courses following preregistration.* Paper presented at the 52nd annual meeting of the Eastern Psychological Association, New York.

Rosenfeld, P., Giacalone, R. A., & Tedeschi, J. T. (1983). Cognitive dissonance vs. impression management. *Journal of Social Psychology, 120,* 203-211.

Ross, L., Greene, D., & House, P. (1977). the "false consensus effect ": An egocentric bias in social perception and attribution processes. *Journal of Experimental Social Psychology, 13,* 279-301.

Rossiter, J. R. (1979). Does TV advertising affect children? *Journal* of *Advertising Research 19, 49-53.*

Rubin, J. Z., & Brown, B. R. (1975). *The social psychology of bargaining and negotiation.* New York: Academic Press.

Rubin, V., Mager, C., & Friedman, H. H. (1982). Company president vs. spokesperson in television commercials. *Journal of Advertising Research, 22,* 31-33.

Rudolph, H. J. (1947). *Attention and interest factors in advertising.* New York: Funk & Wagnalls.

Russo, J. E. (1978). Eye fixations can save the world: Acritical evaluation and a comparison between eye fixations and other information processing methodologies. *Advertising Consumer Research,* 5, 561-570.

Russo, J. E., Krieser, G., & Miyashita, S. (1975). An effective display of unit price information. *Journal of Marketing, 39,* 11-19.

Rust, L., & Watkins, T. A. (1975). Children's commercials: Creative development. *Journal of Advertising Research, 15,* 61-69.

Ryan, M. J., & Bonfield, E.H. (1980). Fishbein's intentions model: A test of external and pragmatic validity. *Journal of Marketing, 44,* 82-95.

Sanders, G. S., & Baron, R. S. (1975). The motivating effects of distraction on task performance. *Journal of Personality and Social Psychology, 32,* 956-963.

Scammon, D. (1977). Information load and consumers. *Journal of Consumer Research 4,* 148-155.

Schachter,S., & Rodin, J. (Eds.).(1974). *Obese humans and rats.* Hillsdale, NJ: Law-rence Erlbaum Associates.

Schachter, S., & Singer, J. E. (1962). Cognitive, social, and physiological determinants of emotional state. *Psychological Review, 69,* 379-399.

Schaninger, C. M. (1981). Social class vs. income revisited. *Journal of Marketing Research, 18,* 192-208.

Schrank, J. (1977). *Snap, crackle, popular taste.* New York: Dell.

Schuller, R. (1974). *God's way to the good life.* Dallas, TX: Keats.

Schwartz, S. H. (1970). Elicitation of moral obligation and self-sacrificing behavior. *Journal of Personality and Social Psychology, 15,* 283-293.

Scott, C. (1976). Effects of trial and incentives on repeat purchase behavior. *Journal of Marketing Research, 13,* 263-269.

Serrill, M. S. (1983, December 12). Castration or incarceration? *Time,* p. 70.

Settle, R. W., & Golden, L. L. (1974). Attribution theory and advertiser credibility. *Journal of Marketing Research, 11,* 181-185.

Shapiro, B. P. (1968). The psychology of pricing. *Harvard Business Review, 46,* 14-25, 160.

Shapiro, D., & Schwartz, G. E. (1972). Biofeedback and visceral learning: Clinical applications. *Seminars in Psychiatry, 4,* 171-184.

Shepard, R. N. (1967). Recognition memory for words, sentences and pictures. *Journal of Verbal Learning and Verbal Behavior, 6,* 156-163.

Sherif, M. (1935). A study of some social factors in perception. *Archives of Psychology,* No. 187.

Sherif, M., & Hovland, C. I. (1961). *Social judgement: Assimilation and contest effects in communication and attitude change.* New Haven, CT: Yale University Press.

Shiffrin, R. M., & Atkinson, R. C. (1969). Storage & retrieval processes in long-term memory. *Psychological Review, 76,* 179-193.

Shimp, T. A., & Dyer, R. F. (1979). The pain-pill-pleasure model and illicit drug consumption. *Journal of Consumer Research, 6,* 36-46.

Shimp, T. A., & Kavas, A. (1984). The theory of reasoned action applied to coupon usage. *Journal of Consumer Research, 11,* 795-809.

Shoemaker, R. W., & Schoaf, R. (1977). Repeat rates of deal purchase. *Journal of Advertising Research, 17,* 47-53.

Shuptrine, F. K., & McVicker, D. D. (1981). Readability levels of magazine ads. *Journal of Advertising Research, 21,* 45-51.

Smith, D., Spence, D. P., & Klein, G. S. (1959). Subliminal effects of verbal stimuli. *Journal of Abnormal and Social Psychology, 59,* 167-177.

Smith, R. E., & Hunt, S. D. (1978). Attributional processes & effects in promotional situations. *Journal of Consumer Research, 5,* 149-158.

Snyder, M. (1979). Self-monitoring processes. In L. Berkowitz(Ed.), *Advances in experi mental social psychology* (Vol. 12, pp. 85-128). New York: Academic Press.

Snyder, M., & Cunningham, M. (1975). To comply or not comply: Testing the self perception explanation of the foot-in-the-door phenomenon. *Journal of Personality and Social Psychology, 31,* 64-67.

Soldow, G. F., & Principe, V. (1981). Response to commercials as a function of program context. *Journal of Advertising Research, 21,* 54-65.

Soldow, G. F., & Thomas, G. P. (1984). Relational communication: Form vs. content in the sales interaction. *Journal of Marketing, 48,* 84-93.

Sorenson, A. W., Wyse, B. W., Wittwer, A. J., & Hansan, R. G. (1976). An index of nutritional quality for a balanced diet. *Journal of the American Dietetic Association, 68,* 236-237.

Spence, K. W. (1956). *Behavior theory and conditioning.* New Haven,

CT: Yale Univer sity Press.

Spence, K. W. (1964). Anxiety (drive) level and performance in eyelid conditioning. *Psychological Bulletin, 61,* 129-139.

Spence, H. E., & Engel, J. F. (1970). The impact of brand preference on the perception of brand names: A laboratory analysis. In D. T. Kollat, R. D. Blackwell, & J. F. Engel (Eds.), *Research in consumer behavior* (pp. 61-70). New York: Holt, Rinehart & Winston.

Sperry, R. W. (1951). Cerebral organization and behavior. *Science, 133,* 1749.

Sproles, G. B. (1974). Fashion theory: A conceptual framework. In S. Ward & P. Wright (Eds.), *Advertising consumer research* (Vol. 1, pp. 212-245). Urbana, IL: Association for Consumer Research.

Sproles, G. B. (1977). New evidence on price and product quality. *Journal of Consumer Affairs, 11,* 63-77.

Stang, D. J. (1975). When familiarity breeds contempt, absence makes the heart grow fonder: Effects of mere exposure and delay on taste pleasantness ratings. *Bulletin of the Psychonomic Society, 6,* 273-275.

Stang, D. J. (1977). Exposure, recall, judged favorability and sales: "Mere exposure" and consumer behavior. *Social Behavior and Personality, 5,* 329-335.

Starch, D. (1961). What is the best frequency of advertisements? *Media/Scope, 5,* 44-45.

Steiner, G.A. (1966). The people look at commercials: A study of audience behavior. *Journal of Business,* 272-304.

Stern, B. L., Krugman, D. M., & Resnick, A. (1981). Magazine advertising: An analysis of its information context. *Journal of Advertising Research, 21,* 39-44.

Stern, R. M., Farr, J. H., & Ray, W. J. (1975). Pleasure. In P. H. Venables & M. J. Christie (Eds.), *Research in psychophysiology* (pp. 208-233). London, England: Wiley.

Sternthal, B., & Craig, C. S. (1973). Humor in advertising. *Journal of Marketing, 37,* 12-18.

Sternthal, B., & Craig, C. S. (1974). Fear appeals: Revisited and revised. *Journal of Consumer Research, 1,* 22-34.

Stevens, S. S. (1975). *Psychophysics: Introduction to its perceptual, neural and social prospects.* New York: Wiley.

Suls, J., & Miller, R. L. (Eds.). (1977). *Social comparison processes: Theoretical and empirical perspectives.* Washington, DC: Hemisphere.

Sulzberger, A. O. (1981, May 1). Smoking warnings called ineffective. *New York Times,* p. A14.

Summers, J. O. (1970). The identity of women's clothing fashion opinion leaders. *Journal of Marketing Research, 7,* 178-185.

Swinyard, W. R. (1981). The interaction between comparative advertising and copy claim variation. *Journal of Marketing Research, 18,* 175-186.

Taylor, J. W., Houlahan, J. J., & Gabrael, A. C. (1975). The purchase intention question in new product development: A field test. *Journal of marketing, 39,* 90-92.

Tedeschi, J. T.(Ed.).(1981). *Impression management theory and social psychological research.* New York: Academic Press.

Tedeschi, J. T., Schlenker, B. R., & Bonoma, T. V. (1971). Cognitive dissonance: Private ratiocination or public spectacle. *American Psychologist, 26,* 685-695.

Tedeschi, J. T., Schlenker, B. R., & Bonoma, T. V. (1973). *Conflict, power, and games: The experimental study of interpersonal relations.* Chicago, IL: Aldine.

Tedeschi, J. T., Smith, R. B., & Brown, R. C. (1974). A reinterpretation of research on aggression. *Psychology Bulletin, 81,* 540-563.

Teevan, R. C., & Smith, B. D. (1967). *Motivation.* New York: McGraw-Hill.

Teuber, M. L. (1974). Sources of ambiguity in the prints of Maurits C. Escher. *Scientific American, 231,* 90-104.

Tigert, D. J.,& Arnold, S. J. (1970). Profiling self-designated opinion leaders and self-designated innovators through life style research. In D. M. Gardner(Ed.), *Proceedings of the 2nd conference of Association for Consumer Research.* Ann Arbor, MI: Association for Consumer Research.

Tuck, M. (1979). Consumer behavior theory and the criminal justice system: Toward a new strategy for research. *Journal of Market Research Society, 21,* 44-58.

Tulving, E., & Thomson, D. M. (1973). Encoding specificity and retrieval processes in episodic memory. *Psychological Review, 80,* 359-380.

Tversky, A., & Kahneman, D. (1973). Availability: A heuristic for judging frequency and probability. *Cognitive Psychology, 5,* 207-232.

Tversky, A., & Kahnaman, D. (1974). Judgement under uncertainty: Heuristics and biases. *Science, 185,* 1124-1131.

Twedt, D. W. (1961, August). *The consumer psychologist.* Paper presented at the annual meeting of The American Psychology Association.

Ulin, L. G. (1962, July). Does page size influence advertising effectiveness? *Medial Scope,* pp. 47-50.

Valins, S. (1966). Cognitive effects of false heart rate feedback. *Journal of Personality and Social Psychology, 4,* 400-408.

Vaughn, K. B., & Lanzetta, J. T. (1980). Vicarious instigation and conditioning of facial expressive and autonomic responses to a model's expressive displays of pain. *Journal of Personality and Social Psychology, 38,* 909-923.

Veblen, T. (1899). *The theory of the leisure class.* New York: The New American Library (1754 edition).

Venn, J. R., & Short, J. G. (1973). Vicarious classical conditioning of emotional responses in nursery school children. *Journal of Personality and Social Psychology, 28,* 249-255.

Verhallen, T. M. M., & Van Raaij, W. F. (1981). Household behavior and the use of natural gas for home heating. *Journal of Consumer Research, 8,* 253-257.

Vidulich, R. N., & Kaiman, I. P. (1961). The effects of information source status and dogmatism upon conformity behavior. *Journal of Abnormal and Social Psychology, 63,* 639-642.

Vinson, D. E., & Scott, J. E. (1977). The role of personal values in marketing and consumer behavior. *Journal of Marketing, 41,* 44-50.

Ward, S. (1972). Children's reactions to commercials. *Journal of Advertising Research, 12,* 37-45.

Ward, S. (1974). Consumer socialization. *Journal of Consumer Research, 1,* 1-14.

Ward, S. Robertson, T. S., & Wackman, D. (1971). Children's attention to television advertising. In D. M. Gardner (Ed.), *Proceedings for the Annual Convention of the Association for Consumer Research,* pp. 143-156.

Ward, S., & Wackman, D. (1972). Television advertising and intra-family influence: Children's purchase influence attempts and parental yielding. *Journal of Marketing Research, 9,* 316-319.

Warner, W. L., & Lunt, P. S. (1941). *The social life of a modern community.* New Haven, CT: Yale University Press.

Warshaw, P. R. (1980). A new model for predicting behavioral intentions: An alternative to Fishbein. *Journal of Marketing Research, 17,* 153-172.

Wasson, C. R. (1969). Is it time to quit thinking of income classes. *Journal of Marketing, 33,* 54-57.

Watkins, J. L. (1980). *The 100 greatest advertisements: Who wrote them and what they did.* Toronto, Canada: Goles Publishing.

Watson, J. B., & Raynor, R. (1920). Conditioned emotional reactions. *Journal of Experi mental Psychology, 3,* 1-4.

Weitz, B. A. (1978). The relationship between salesperson performance and understanding of customer decision making. *Journal of Marketing Research, 15,* 501-516.

Weitz, B. A. (1981). Effectiveness in sales interactions: A contingency famework. *Journal of Marketing, 45,* 85-103.

Wells, W. D. (1975). Psychographics: A critical review. *Journal of Marketing Research, 12,* 196-213.

Wells, W. D., & LoSciuto, L. A. (1966). Direct observation of purchasing behavior. *Journal of Marketing Research, 3,* 227-233.

Wells, W. D., & Reynolds, F. D. (1979). Psychological geography. *Research in Marketing, 2,* 345-357.

White, T. H. (1961). *The making of the President 1960.* New York: Atheneum.

White, T. H. (1965). *The making of the President 1964.* New York: Atheneum.

White, T. H. (1969). *The making of the President 1968.* New York: Atheneum.

White, T. H. (1973). *The making of the President 1972.* New York: Atheneum.

White, T. H. (1977). *The making of the President 1976.* New York:

Atheneum.

Whitney, E. N., & Sizer, F. S. (1985). *Nutrition concepts and contro-versies.* St. Paul, NY: West Publishing.

Whorf, B. (1956). Science and linguistics. In J. B. Carroll (Ed.), *Language, thought and reality: Selected writings of Benjamin Lee Whorf* (pp. 1-40). Cambridge, MA: MIT Press.

Whyte, W. H. (1952). The language of advertising. *Fortune, 46,* 98-101.

Whyte, W. H. (1954). The web of word of mouth. *Fortune, 50,* 140-143, 204, 206, 208, 210, 212.

Wilhelm, R. (1956). Are subliminal commercials bad? *Michigan Business Review, 8,* 26.

Willett, R. P., & Pennington, A. L. (1966). Customer and salesman: The anatomy of choice and influence in a retail setting. In R. M. Hass(Ed.), *Science, technology and marketing* (pp. 126-148). Chicago, IL: American Marketing Association.

Wilson, W. R. (1979). Feeling more than we can know: Exposure effects without learning. *Journal of Personality and Social Psychology, 37,* 811-821.

With "feeling" commercials. (1981). *Marketing News, 24,* 1-2.

Witt, D. (1977). Emotional advertising:The relationships between eye-movement patterns and memory:*Empirical study wity the eye-movement monitor.* Unpublished doctoral dissertation, University of Saarland, Germany.

Witt, R. E. (1969). Informal social group influence on consumer brand choice. *Journal of Marketing Research, 6,* 473-476.

Witt, R. E., & Bruce, G. D. (1970). Purchase decisions and group influence. *Journal of Marketing Research, 7,* 533-535.

Wolfgang, M. E. (1978). The death penalty: Social philosophy and social science research. *Criminal Law Bulletin, 14,* 18-33.

Woodside, A. G., (1974). Relation of price to perception of quality of new products. *Journal of Applied Psychology, 59,* 116-118.

Woodside, A. G., & Davenport, W. J. (1974). The effect of sales-man similarity and expertise on consumer purchasing behavior. *Journal of Marketing Research, 11,* 198-202.

Yalch, R., & Bryce, W. (1981, November). *Effects of a reactance reduction technique on reciprocation in personal selling.* Paper presented at the annual meeting of the American Marketing Association.

Yalch, R. F., & Elmore-Yalch, R. (1984). The effect of numbers on the route to persuasion. *Journal of Consumer Research, 11,* 522-527.

Yamanake, J (1962). The prediction of ad readership scores. *Journal of Advertising Research, 2,* 18-23.

Yates, S. M., & Aronson, E. (1983). A social psychological percep-tive on energy conservation in residential buildings. *American Psychologist, 38,* 435-444.

Zajonc, R. B. (1965). Social facilitation. *Science, 149,* 269-274.

Zajonc, R. B. (1968). Attitudinal effects of mere exposure. *Journal of Personality and Social Psychology, 9,* 1-28.

Zajonc, R. B. (1980). Feeling and thinking: Preferences need no inferences. *American Psychologist, 35,* 151-175.

Zborowski, M. (1969). *People in pain.* San Francisco, CA:Jossey-Bass.

Zelinsky, W. (1973). *The cultural geography of the United States.* Englewood Cliffs, NJ: Prentice-Hall.

Zillmann, D. (1978). Attribution and misattribution of excitatory reactions. In J. H. Harvey, W. Ickes, & R. F. Kidd (Eds.), *New directions in attribution research* (Vol. 2, pp. 335-368). Hillsdale, NJ: Lawrence Erlbaum Associates.

後　記

　　當讀者進行到這個地步時，必然已接觸過本書中數以百計的研究結果，這些研究接著又涉及對數以千計的消費者行為的詳盡觀察。所有這些訊息對於我們瞭解消費者行為有何幫助？

　　物理學家兼科學哲學家 *J.H. Poincare*(1908) 曾寫道，「科學以事實為基礎，就如同房屋以石頭為基礎一般。但是一堆事實並不等於科學，就如同一堆石頭並不等於一間房屋」(P.829)。為了讓事實有所助益於科學，事實必須組織成一般的原則，然後這些原則再整合成一個可行的理論模式。圖 *1.1* 所呈現的一般模式正是為組織並整合所有這些訊息提供了這樣一個架構。隨著我們逐步閱讀本書的每一章，我們對消費者行為的不同層面獲得了更深的理解。我們知道刺激情境的變動將會影響消費者對產品的意識（第 2 章：知覺）；消費者如何發展出對產品的信念（第 3 章：認知與記憶）；消費者對產品的信念的變動（第 4 章：認知與說服）；聯結的獲得，包括產品的呈現、產品的使用，以及各種獎賞和懲罰（第 5 章：學習）；消費者對產品的情感的發展（第 6 章：情緒）；以及消費者對產品的欲望的發展（第 7 章：動機）。隨著消費者意識到產品，對產品發展出正面的整體信念，獲得產品的使用與愉快結果之間的聯結，發展出對產品的正面情感，並發展出對產品的欲望，以及隨著這些效應以複雜的方式交互作用之後，消費者可能正式表達購買產品的意向，進而實際採取購

買產品的行為（第8章：意向與行為）。這個不具時間性、單向的基本模式把刺激情境與行為連結起來，但更精緻的模式也應該考慮到行為回饋的效應以及隨著產品生命週期所可能發生的變異情形（第9章：行為回饋與產品生命週期）。此外，這樣的模式也應該讓自己更具廣泛的包容力，而考慮到熟人、朋友和家庭成員對消費者的影響（第10章：社會背景），並考慮到文化、次文化和社會階級對消費者的影響（第11章：文化背景）。銷售互動的情形也應接受詳盡的檢驗（第12章：銷售互動）。最後，我們也考慮了消費者心理學的原理在某些非商業性領域中的應用（第13章：非營利性環境）。

　　自始至終，我們的目標都是在於瞭解消費者行為的原因。我們已解答了許多問題，但同時也衍生出許多新問題。不論如何「什麼因素影響了消費者，為什麼？」這個問題仍將繼續挑戰著消費者心理學家。我們誠摯希望本書將可激發某些有心的讀者共同加入探求這個問題的行列中。

國家圖書館出版品預行編目資料

消費者行為心理學／Brian Mullen &
Craig Johnson原著;游恆山譯.
--初版.--臺北市:五南, 1996 [民85]
面; 公分
參考書目:面
譯自:The psychology of consumer behavior
ISBN 978-957-11-1101-8(平裝)
1.消費者 - 心理方面
496.3　　　　　　　85000567

1B12

消費者行為心理學
The Psychology of Consumer Behavior

作　　者 ― Brian Mullen & Craig Johnson
譯　　者 ― 游恆山
發 行 人 ― 楊榮川
總 經 理 ― 楊士清
副總編輯 ― 王俐文
責任編輯 ― 林映融　吳靜妮
出 版 者 ― 五南圖書出版股份有限公司
地　　址:106台北市大安區和平東路二段339號4樓
電　　話:(02)2705-5066 傳　　真:(02)2706-6100
網　　址:http://www.wunan.com.tw
電子郵件:wunan@wunan.com.tw
劃撥帳號:01068953
戶　　名:五南圖書出版股份有限公司
台法律顧問　林勝安律師事務所　林勝安律師
出版日期　1996年2月初版一刷
　　　　　2017年9月初版十刷
定　　價　新臺幣415元